종합군수지원(ILS) 이론과 실제

저자 정용길

■ 보직경력

- 50보병사단 정비장교
- 12보병사단 근접지원중대장, 정비과장
- 56보병사단 정비중대장
- 1군수지원사령부 화력기동장비통제장교
- 수도방위사령부 7·9종보급장교
- 종합군수학교 훈육 장교중대장, 탄약검사학교관
- 3군수지원사령부 51탄약대대 운영과장
- 66보병사단 정비대대장
- 3군사령부 화력장비계획장교
- 육군군수사령부 기동무기 ILS요소개발장교

■ 교육사항

- 금오공과대학교 공학사(1987)
- 영남대학교 경영학석사(1991)
- 육군대학 정규과정(2001)
- 육군종합군수학교 ILS, 소요·조달과정(2007)
- 국방대학교 무기체계 사업관리과정(2007)
- 한남대학교 국방획득관리학 석사(2008)

■ 연구활동

- 기술군무원의 직무만족에 관한 연구(1991)
- 탄약전환보급소 운용고찰(군수교, 군수논문 제2집, 2000)
- 훈육지도지침서(군수교, 1998)
- 야전순환정비 표준공정도 연구(3군사령부, 2004)
- 종합군수지원실무지침서(군수사 수행업무 중심, 군수사령부, 2006)
- 종합군수지원(ILS) 혁신방안에 관한 연구(2007)

종합군수지원(ILS) 이론과 실제

2008년 3월 1일 초판인쇄
2008년 3월 5일 초판발행

지 은 이 | 정 용 길
펴 낸 이 | 이 찬 규
펴 낸 곳 | 북코리아
등록번호 | 제10-1519호
주 소 | 서울시 마포구 공덕2동 173-51
전 화 | 02)704-7840
팩 스 | 02)704-7848
이 메 일 | sunhaksa@korea.com
홈페이지 | www.sunhaksa.com

값 12,000원

ISBN 978-89-92521-62-8 93390

종합군수지원(ILS) 이론과 실제

정용길 지음

북코리아

[머리말]

지난 1991년 영남대학교에서 경영학 석사학위를 받고 16년이 지나서 다시 대학문을 들어설 때에는 군 직무수행에 소홀함이 없이 학업을 동시에 잘 해낼 수 있을까 하는 망설임과 설렘이 많았지만, 국방획득분야 종합군수지원(ILS) 직무를 수행하면서 어떻게 하면 좀 더 올바르고 체계적인 업무수행과 ILS업무발전을 위해 무엇을 해야 하나, 또 무엇을 준비해야 하나 고민하면서 뒤늦게 학업의 길을 선택하였는데, 돌이켜 보면 그때의 선택과 결심은 획득 및 ILS 분야의 풍부하고 전문적인 학문적 지식의 습득과 더불어 나 자신 스스로의 놀라운 변화와 자부심을 느끼게 되었습니다.

야전 및 육군군수사령부에서 실전적인 실무경험과 그동안 연구해 온 성과를 모아 작은 결실을 맺게 되었습니다.

군 생활 중 획득 및 종합군수지원에 대한 업무지식 함양과 학업을 할 수 있도록 전폭적인 지원과 도움을 주신 육군군수사령관이신 양원모 중장님과 정비처장이신 서만열 준장님, 그리고 ILS 업무을 발전시키기 위해서 헌신적인 노력을 하고 계신 육군본부 ILS 과장 조극래 대령님과 군수사령부 ILS 과장 심재관 대령님께 진심으로 감사의 인사를 드립니다.

아울러 국방획득분야의 학문적 이해와 깊이를 깨닫게 해주시고 열정적인 가르침과 논문심사을 주관하셨던 박기련 · 함선필 교수님과 장진화 · 박영창 교수님 또한 함께 학업에 정진하였던 원우회 동료와 자료정리에 도움을 주신 김영학·조용선·조재봉 소령님께 진심으로 감사의 인사를 드립니다.

특히 자상하고 깊이 있는 획득분야 강의와 최신 자료의 제공·세심하고 명확하며 헌신적으로 논문지도를 해주시고 글 쓰는 힘을 길러주신 김종하 박사님께 깊은 감사를 드립니다. 김종하 박사님의 열정적인 가르침과, 또 책으로 엮어내기 위한 혼신을 다하는 지도편달에 힘입어 이러한 결실을 맺을 수 있었다고 생각합니다.

미력하나마 ILS업무를 함께하고 있는 군 및 방위사업청, 연구기관, 방산업체의 모든 분들에게 도움이 될 수 있기를 소망하며, 이 책이 세상에 나올 수 있도록 아름답게 꾸며주시고 지원해주신 북코리아 이찬규 사장님께 심심한 감사를 드립니다.

앞으로 얼마 남지 않은 군 생활을 마칠 때까지 강의실에서 배우고 익힌 학문적 지식과, 군에서 얻은 경험을 연계하여 우리 군의 획득업무와 종합군수지원(ILS) 발전에 보탬이 될 수 있도록 미력하나마 최선의 노력을 다할 것을 다짐하면서, 끝으로 군 업무와 학업에 전념할 수 있도록 배려해주고 군인의 아내로서의 고통과 시련을 슬기롭게 극복하고 인생의 가장 가까운 동반자로서 마음이 따듯한 사랑하는 아내와 2008년 2월 4일 입춘, 오늘 생일을 맞이한 청년으로 성장하고 있는 아들 현우와 아름답고 이쁘게 자라고 있는 딸 유진에게 고마움을 전합니다.

2008년 2월

鄭用吉

[**추천사**]

한남대 국방전략대학원 국방획득관리학과의 주임교수로 육·해·공군의 소요·획득·군수분야에 종사하는 장교들을 교육시키는 과정에서 가장 힘들고 어려운 순간이 바로 학위논문을 지도하는 과정이다. 그러나 어찌 보면 그것은 가르치는 사람으로서 가장 보람된 순간이기도 하다. 특히 정용길 소령처럼 뛰어난 장교들을 지도하는 기회를 가지는 경우에는 더욱더 그렇다.

이번에 정소령은 자신의 석사학위 논문을 수정·보완하여, 『종합군수지원(ILS) 이론과 실제』라는 제목의 단행본을 출판했다. 한남대 국방획득관리학과 졸업생 가운데 이경재 장군(예비역), 조원건 장군(현 공군작전사령관), 김영기 소령(현 육군전투발전단)에 이어 네 번째로 학위논문을 수정·보완하여 단행본으로 출판한 장교다.

정소령의 이번 단행본 출판으로, 학위논문을 계속 업데이트(update)하여 단행본으로 출판하는 것이 이제는 한남대 국방전략대학원 국방획득관리학과의 '전통'(tradition)이 되어가고 있다는 느낌이 든다. 2년 동안의 석사학위 과정을 통해 좋은 논문을 작성, 단행본으로 출판하고 싶다는 욕망을 가진 장교들이 계속 들어오고 있기 때문이다. 이런 열광적인 지적 분위기를 촉발시키는 데 나름대로 일조한 정소령에 대해 격려와 칭찬을 보내고 싶다.

정소령은 금오공대에서 기계공학을 전공, 공학사(1987) 학위를 취득한 후, 곧바로 직업군인의 길로 들어섰다. 정비장교(50보병사단), 근접지원중대장/정비과장(12보병사단), 정비중대장(56보병사단), 화력기동장비통제장교(1군수지원사령부), 7·9종보급장교(수도방위사령부), 훈육 장교중대장/탄약검사학교관(종합군수학교), 51탄약대대 운영과장(3군수지원사령부), 정비대대장(66보병사단), 화력장비계획장교(3군사령부)를 거친 이후, 현재 육군 군수사령부 정비처에서 기동무기 ILS 요소개발장교로 근무하고 있다.

또 군 복무 기간 동안, 전문군사교육(PME)의 중요성을 인식, 영남대학교 경영대학원에 입학하여 경영학 석사학위를 취득하였고(1991), 또 육군대학 정규과정(2001), 국방대학교 무기체계 사업관리과정(2007), 그리고 최근에는 한남대학교 국방전략대학원에서 국방획득관리학 석사학위를 취득(2008)하였다.

이런 경력과 이력을 보면서 저자는 다른 장교들과 크게 차별화되는 점을 발견할 수 있는데, 그것은 바로 군 복무 및 전문군사교육기간 동안 끊임없이 업무에 관련된 교범, 논문 등을 저술하는 노력을 기울여 왔다는 점이다. 일례로 "탄약전환보급소 운용고찰"(군수교, 군수논문 제2집, 2000년), 「훈육지도지침서」(군수교, 1998년), 「야전순환정비 표준공정도 연구」(3군사령부, 2004년), 「종합군수지원실무지침서」(군수사령부, 2006년), 「K1A1전차 군수지원분석계획서(LSA-P)」(군수사령부, 2007년) 등을 들 수 있다.

이처럼 저자가 20여 년 이상 군수분야 장교로 복무하면서 체득한 경험적 지식을 이론적 지식으로 승화시키기 위해 부단한 노력을 기울여 왔다는 점은 확실히 다른 장교들과 차별화되는 점이라 할 수 있을 것이다. 특히 "도전적인 자세로 자기가 생각하는 아이디어(idea)를 현실에 적용시키기 위해 소신을 가지고 열심히 업무를 수행해 왔다는 점”(상관 및 동료, 그리고 부하들의 그에 대한 공통적인 평가)은 다른 장교들에게서 찾아볼 수 없는 그만의 강점이라 할 수 있을 것이다. 어떤 일을 하든지간에 거의 습관적으로 왜(why) – 인지 아닌지(whether) – 하면 어떻게 될까(what if)와 같은 기본적인 질문들을 끊임없이 생각하고, 그것에 대한 답을 찾아내려고 애쓰는 그의 업무태도 자체는 무슨 일을 하든 철저히 준비하고 있다는 느낌을 그의 상관 및 동료, 그리고 부하들에게 줄 수밖에 없는 것이다.

저자가 지금까지 체득한 경험적·이론적 지식을 총동원하여 작성한 본서의 내용을 한번 살펴보면 다음과 같다.

‘종합군수지원’(ILS)체계의 맥락에서, ‘미래전’(future warfare) 양상에 부합된 무기체계 획득과 연계하여 운용되고 있는 우리 육군의 ‘창정비’(Depot Maintenance) 요소 개발 프로세스(process)를 고찰하고, 이 과정에서 창정비 요소 개발 관련 문제점을 분석, 그것을 해결하기 위한 방안을 제시하고 있다. 이를 위해 ILS 분야 관련, 이미 공개된 육군 보고서 및 규정집 등을 1차 자료로, 그리고 논문 및 단행본 등을 2차 자료로, 그리고 필자 자신이 육군 ILS 분야에서 체득한 경험적 지식을 토대로 창정비 요소 개발 과정을 분석하고 있다.

본서에서 저자는 육군의 창정비 요소 개발 과정 분석을 통해 드러난 육군의 ‘종합군수지원’(ILS)체계상의 문제점을 다음과 같이 제시하고 있다.

첫째, 우리 육군의 경우, ILS 업무추진을 위해 필요한 전문인력 운영 및 관리실태가 열악한 수준이다. 둘째, ILS 교육체계, 특히 창정비 요소 개발 분야에 대한 교육이 전혀 이루어지지 않고 있다. 셋째, 창정비 요소 개발 기술지원이 제대로 이루어지지 않고 있다. 넷째, 창정비 요소 개발을 발전시키기 위한 군내부의 인식이 미흡한 상태에 있다.

이런 네 가지 문제점을 해결하기 위한 대안을 다음과 같이 구체적으로 제시하고 있다.

첫째, ILS 인력 운영 및 관리체계를 개선해야 한다. 이를 위해서 ① ILS 관련 인력들에 대한 보직자격을 구체화하고, ILS 교육을 반드시 이수토록 해야 하며, 그리고 ② 순환보직제도를 개선, 전문성을 발휘할 수 있도록 장기간 근무토록 하는 것이 바람직하다.

둘째, ILS 교육체계를 혁신해야 한다. 이를 위해서는, ① ILS 분야 전문 인력 양성을 위한 군수교육과정을 ILS 기초과정과 전문과정으로 구분, 편성하여 교육내용을 차별화하는 전문성 있는 교육이 필요하고, ② 군 ILS 개발 담당부서 및 개발업체(방산업체)와의 민군교류협력을 강화해야 하며, 그리고 ③ ILS 요소개발 담당부서 인력들의 사업관리능력을 향상시키기 위해 국방대학교 무기체계 사업관리 과정을 이수할 수 있도록 교육계획에 반영해야 한다.

셋째, ILS 기술검토지원을 위한 정비기술연구소의 조직개선과 전문성 확보가 시급하다. 이를 위해서는, ① 현 육군 정비기술연구소 인력조직을 ILS 기술지원을 위한 팀제조직으로 개선해야 하며, ② ILS 인력들의 교육과 연계된 보직관리가 필요하며, ③ 소프트웨어관리팀을 신설하여 체계적인 통합관리체계를 구축해 나가야 하며, 그리고 ④ 군 및 민간 전문인력 확보, 그리고 민간과의 기술교류 및 공동개발을 위한 제도를 도입해야 한다.

넷째, 창정비 요소 개발 발전을 위한 혁신 작업을 추진해야 한다. 이를 위해서는, ① 무기체계 획득 시 주장비 전력화에만 노력을 집중하고, 창정비 요소 개발을 등한시 하고 있는 군 내부의 인식전환이 필요하며,

② 창정비 요소 개발 소요예산의 합리적인 검토체계 정립이 필요하며, ③ 창정비 요소 개발 표준절차 및 표준문서 정립이 필요하며, 그리고 ④ 창정비 요소 개발 통합관리체계 구축이 빠른 시일 내에 구축되어야 한다.

결론적으로 저자는 우리 육군이 이런 구체적인 대안들을 ILS 정책에 적절히 반영, 시행에 나간다면, '네트워크중심전'(NCW)에서 요구되는 '복합무기체계'(system of systems)의 효율적이고 효과적인 군수지원을 보장하는 토대를 구축하는 것이 가능케 될 것이라는 점을 강하게 주장하고 있다.

육군의 ILS 개선과 관련하여 저자가 제시한 상기의 정책대안들은 ILS 업무에 대한 그의 오랜 경험적・이론적 지식에서 나온 대단히 구체적인 대안들이다. 따라서 우리 육군이 곧바로 업무에 적용해도 좋을 만큼 '정책 적실성'(policy relevancy)이 높다.

저자가 제시한 이런 구체적인 대안들을 토대로, 우리 육군은 미래전 대비 군사전략 및 첨단기술 변화에 따라 발생하는 군수지원 요소 변화를 능동적으로 예측하고 이를 적기에 반영할 수 있는 ILS 기획 및 관리체계를 새롭게 구축해 나가야 할 것이다.

특히 만약 우리가 미래전에서 비용-효과적으로 전쟁을 수행하기를 원한다면 국가안보전략을 뒷받침하는 중요한 수단 가운데 하나로 '군수'(logistics)가 수행하는 역할과 기능에 대해 제대로 된 인식을 가질 필요가 있다. 비록 본서에서 저자가 직접적으로 언급하지는 않았지만, '작전은 전투승리'를, '군수는 전쟁승리'를 보장한다는 사실을 암묵적으로 가르쳐주고 있는데, 바로 이것이 본서가 가진 궁극적인 가치가 아닐까 생각한다.

이런 점에서 우리 군의 무기체계 연구개발 및 사업관리에 관련된 소요군, 방위사업청, 방산업체 관련요원들에게 일독을 권하고 싶은 책이다. 확실히 본서는 군의 현존 대비태세를 판단하는 중요한 기준으로 작용하는 군수에 관한 중요성을 가르쳐 주고, 또 군수지원 관련 문제는 어느 것에서든 발생할 수 있기 때문에 무기체계 개발 시 종합군수지원(ILS)을 사전에 철저히 준비해야 한다는 교훈을 생생하게 깨닫게 해 주고 있다.

2008년 2월

김종하 Ph. D.(국방획득 및 방위산업 전공)
한남대 국방전략대학원 국방획득관리학과 주임교수
방위사업청 산하 국방기술품질원 이사

[차 례]

제4장 창정비 요소 개발 현실태 및 문제점

제5장 종합군수지원 혁신방안 : 창정비 요소 개발을 중심으로

제6장 맺음말

제1장

책머리에

냉전의 종식과 더불어 선진각국은 국방예산 축소, 미래 '네트워크중심전'(NCW : Network-Centric Warfare)[1] 대비 첨단전력 확충 및 재래식 군사력 감축 등 국방환경의 급속한 변화에 직면하고 있다. 이런 변화는 특히 국방예산 가운데 많은 비중을 차지하고 있는 군수지원분야의 개혁을 요구하고 있다. 그 이유는 무기체계의 복잡화 · 고도 정밀화에

---

1) 네트워크중심전은 미국의 사회적 변화를 군에 적용시키고자 하는 노력을 배경으로 하고 있다. 네트워크중심전이라는 용어를 확산시키는 데 주도적인 역할을 한 세브로스키와 가르스트카에 의하면, 미국사회는 ① 플랫폼(Platform)에서부터 네트워크로 초점이 전환되었고, ② 독립된 개체로 인식하는 시각에서부터 지속적으로 진화하는 생태계를 구성하는 부분으로서 인식하는 시각으로 전환되었으며 ③ 변화하는 생태계에 적응하거나 생존하기 위한 전략적 선택들이 중시되고 있다는 것이다. 따라서 군도 사회의 한부분이기 때문에 각 부대 및 무기체계 간의 연결을 중시해야 하고 이들의 개별적인 활동은 최소화한 채 연결된 전체속의 부분으로 가능해야 하며 이러한 '전략적 선택'을 통하여 미래에 변화되는 전쟁환경에 적응해 나가야 한다는 것이다. 즉 네트워크중심전은 정보화시대 전쟁이 내포하고 있는 복합적인 상황에 적응하거나 그러한 상황을 효과적으로 통제하기 위해 불가피한 군대의 '전략적 선택'이라는 의미이다. 김영기, 「전력화지원요소 : 이론과 실제」(파주 : 한국학술정보, 2007), p.61, 네트워크중심전에 대해 자세히 고찰한 대표적 연구물에 대해서는 David S. Albert and Others. *Network Centric Warfare : Dwveloping and Leveraging Information Superiority*(Washington D.C. : DoD C4ISR Cooperative Research Program, August 1999년), pp.87-114를 참조.

따른 무기체계 획득비용 증가와 운영유지비 감소는 〈표 1-1〉과 같이 장비 유지예산 압박을 가중시키고,[2] 군수지원상의 '즉응성'(Responsiveness)을 저하시켜 전투준비태세(Readiness)를 유지하는 데 많은 어려움을 겪게 만드는 요인으로 작용하고 있기 때문이다.

〈표 1-1〉 장비자산가 대비 운영유지비 현황

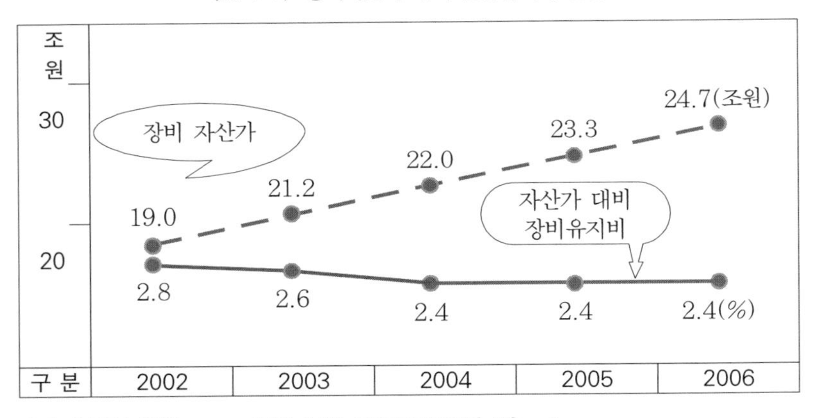

출처 : 육군군수사령부, "2008 장비유지예산 교육자료"(2007년 3월), p.7

현대 무기체계는 과학기술이 발전함에 따라 가일층 복잡・다양해지고, 그로인해 획득비용이 급격히 증가하고 있는 반면, 기술적 진부화 현상도 가속화 되고 있다. 무기체계의 체계성・복잡성・고가성 및 수명주

2) 현재(2007년) 우리군의 장비유지(정비, 수리부속)예산은 2007년 편성예산기준 경상운영비 총 17조 8,724억 원 중 1조 3,559억 원으로 대략 7.6% 정도를 차지하고 있다. 현대전에서 무기체계의 비약적인 발전과 현존전력의 성능개선은 물론 첨단 과학화된 장비・함정・항공기를 도입해 정비에 소요되는 장비유지비가 급증하는 현실이다. 그럼에도 불구하고 '국방개혁 2020'에 따라 국방비 내 장비유지비가 포함된 경상운영비 점유율은 계속 감소하는 추세다.
2008~2012년 국방중기계획을 보면, 경상운영비는 72.7%(2007) 에서 62.3%(2012)로 감소한 반면, 방위력개선비는 27.3%(2007)에서 37.7%(2012)로 증가하는 것으로 나타났다. 김종하, "전투기 추락사고 왜 잇따르나", 「세계일보」, 2007년 7월 24일.

기비용의 조기확정 등과 같은 무기체계가 가진 독특한 고유의 특성 때문에 미국에서는 1960년대부터 무기체계 개발의 '종합적 관리'(Total Management)가 강조되었다. 특히 성능의 지속적 보장, 연구개발 투자비의 효율성 증대, 군수지원 요소의 적시·적절한 개발 및 배치를 위해 1964년부터 '종합군수지원'(ILS : Intergrated Logistic Support)제도를 창안, 이를 지속적으로 적용하고,[3] 더 나아가 이를 다양하게 개선,[4] 발전[5]시키고 있다.

우리 군은 1960년대까지는 거의 대부분의 무기체계를 미국으로부터 직도입하였기 때문에 ILS에 대한 특별한 검토가 없었다. 그러나 1970년대에 들어서면서 부터 자주국방의 토대를 구축하기 위해 일부 방위산업체에서 미국의 장비를 모방 생산하기 시작했는데 이때부터 수많은 군수지원상의 문제점이 발생, 1978년 국산장비 야전운용 실태조사를 실시하였는데 이것이 ILS 개념 도입의 시초가 되었다. 그러나 현재까지 20년 이상 ILS 제도를 적용, 시행해 오는 과정에서 ILS에 대한 중요성을 인식하면서도 실제 무기체계 획득 시에는 여전히 주 장비 위주의 개발에

---

3) 국방부, 「ILS사례집」(서울 : 국방부, 1998), p.7.

4) 미국의 경우, 육/해/공군간 합동성을 높이기 위한 방안의 하나로서 '합동군수'(Joint Logistics) 능력을 발전시키고 있다. 이에 대해서는 C. V. Christianson, "Joint Logistics : Shaping Our future," *Defense AT&L*(July-August 2006)을 참조; 또 육/해/공군 간 합동작전시 의사결정의 효율성을 가능케 하기 위해 '군수가시성'(Logistics Visibility)을 높이는 데 필요한 많은 대안들이 제시되고 있다. 이에 대해서는 C. V. Christianson, "In Search of Logistics Visibility : Enabling Effective Decision Making," *Defense AT&L*(July-August 2007)을 참조.

5) 다양한 시스템의 획득과 지속유지를 통합하기 위한 메커니즘(mechanism)으로 '성과관리군수'(Performance-Based Logistics : PBL)을 시행해 오고 있다. 이에 대해서는, David Berkowitz, Jatinder N.D. Gupta, James T. Simpson, and Joan B. Mcwilliams, "Defining and Implementing Performance-Based Logistics in Government," *Defense Acquisition Review Journal*(December 2004-March 2005), Vol. 11, No.3을 참조.

만 초점을 두고 있는 실정에 있다. 또한 주장비 운용 수명주기간 창정비 시스템을 구축하기 위해 시험장비, 특수공구, 창정비작업요구서(DMWR), 정비시설 등 창정비 요소 개발을 〈표 1-2〉와 같이 1~5년간 14개 주요 무기체계에 대하여 0,000억 원을 투자하여 육군 군수사령부 주도로 수행하고 있다.

〈표 1-2〉 창정비 요소개발 현황

구 분	계	개발진행	개발준비	비 고
무기체계	14	6	8	사업기간 1~5년 예산 0,000억원

출처 : 육군군수사령부, 「2007년 사업계획」(2007년 1월)

그러나 창정비 요소 개발 관련 사업관리를 수행하는 데 필요한 ILS 인력운영 및 교육체계가 미흡하고 ILS기술지원을 위한 체계 및 전문성의 미비와 체계화된 표준 창정비 요소 개발절차 및 표준문서체계가 미정립되어 있다. 그리고 통합사업관리 체계의 미흡으로 예산의 낭비요인이 상존되고 있으며 최적 창정비 요소개발이 제한되고 있는 실태에 있다.

이런 문제점을 인식, 국방부를 포함한 우리 군에서는 중장기적 차원에서 전/평시 군수지원능력을 확보하고, 효율적 군수자원관리체계를 구축하고, 또 국제 군수협력증진과 같은 구체적인 세부 활동을 수행하고 있으나, 아직까지 그 성과는 미미한 실정에 있다. 2005년에 들어와서야 비로소 유사시 군의 군수지원능력을 향상시키기 위하여 군수통합정보체계를 구축하기 위한 노력을 기울이는 수준에 있으며 군수통합정보체계 구축개념도는 〈표 1-3〉과 같다.

〈표 1-3〉 **단계별 군수통합정보체계 구축개념도**

구 분	1단계 ('05~'08)	2단계 ('11~'14)	3단계 ('06~'22)
핵심 개념	기능별 체계 개발/성능개선	Web 기반 군수통합정보체계	u-군수통합정보체계
구축 개념	물자정보체계, 탄약정보체계, 체계 연동, 장비정비체계, 육군장비 정비체계, 해군장비 정비체계, 공군장비 정비체계, 성능개선 ('06.12~'08.12), 신규개발 ('05.11~'08.12), 체계 연동	군수 내외부체계: 재정정보, 조달정보, 수송정보, 품질/형상, ...정보, 연동 강화, 군수통합정보체계: 육군군수 정보체계, 해군군수 정보체계, Web, 공군군수 정보체계	RFID, USN, u-군수 정보체계, GPS, 텔레메틱스
주요 특징	□ 장비정비정보체계 개발 □ 수송정보체계 개발 □ 탄약/물자 정보체계 성능개선	□ 각군 장비정비+물자+탄약 정보체계 통합 ⇨One-Set System □ 타 체계 연동 강화	□ u-IT기술 군수 적용 - RFID, 텔레메틱스 등 □ 정통부 u-IT 정책과 연계 추진

출처 : 국방부, 「2007년도 국방정책」(서울 : 국방부, 2007), p.5.

이런 맥락에서 본 저서는 미래전 양상에 부합된 무기체계 획득과 연계하여 획득되고 운용되는 무기체계에 대한 육군의 창정비 요소개발 프로세스를 고찰하고, 현재 우리군의 창정비 요소 개발 관련 문제점을 분석하고 그것을 해결하기 위한 방안을 제시하는 데 목적이 있다.

보충설명

네트워크중심전(NCW)

NCW는 최초 미 해군의 전력변환 핵심으로부터 출발하였지만, 미 해군에 NCW 이론을 도입하였던 세브로스키 제독이 2001년 미 국방성 전력변환실(Office of Force Transformation)의 책임자가 되면서[6] 미국의 전력변환에 가장 중요한 축의 하나로 확장되었다. 미 국방성 차원에서 NCW 이론은 다양한 논의과정을 거쳐 구현을 위한 총체적 노력을 기울이고 있다.

세계 각국 또한 NCW에 대한 관심을 높이고 자국의 전략 환경과 여건에 적합하도록 NCW 이론을 군사력 변환에 적용시키고 있다. NCW가 정보기술과 이를 토대로 하는 방법과 수단의 혁신적인 발전에 따라 이를 군사에 적절히 적용하려는 이론이라는 관점에서 보면, 대부분의 국가들이 전체적 혹은 최소한 부분적으로나마 NCW를 추진하고 있다고 할 수 있다. 유럽의 경우, 덴마크, 노르웨이, 네덜란드 등은 NCW라는 미국의 용어나 개념을 그대로 채택하여 발전시키고 있고, 영국과 독일은 NEC(Network Enabled Capability), 스웨덴은 NBD(Network Based Defense)라는 명칭으로 발전시키고 있다.

NATO에서는 이와는 별도로 NCW의 관점에서 미국과의 상호운용성 증대를 위해 'NATO Network Enabled Capabilities'라 불리는 구상이 채택되어 진행중이다. 유럽 이외에도 이 같은 이론을 적용하여 군사력변환 정책으로 채택하고 있는 국가들로는 오스트레일리아가 NEW(Network Enabled Warfare)라는 용어를 사용하고 있으며, 싱가포르가 KBCC(Knowledge-Based Command Control)라 명명하여 이를 발전시키고 있다. 한편 한국군의 경우, 1990년대 중반 이후 미국의 RMA 개념이 소개되는 과정에서 이 개념이 이미 소개된 바가 있고, 비록 전력기획 상에서 공식적인 용어로는 사용하지 않고 있으나 주로 전장관리측면에서 이 이론을 반전시키고 그 구현과 관련되는 정보기술 기반을 확산

6) 세브로스키 제독은 2005년 1월 31일자로 전력변환실의 책임자에서 은퇴.

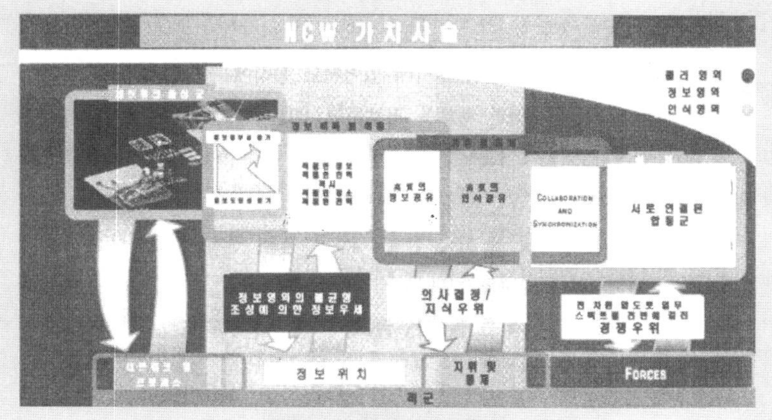

〈그림 1-1〉 NCW가설들 간을 연결한 가치사슬

출처 : DoD, Report on Network Centric Warfare, SES.934, 2005, pp.3-12 <그림 3-3> 인용

시키고 있는 상황이며, 한국군에 적합한 개념 연구도 초기적이지만 동시에 진행 중에 있는 실정에 있다.

1. 네트워크중심전(NCW)이란 무엇인가?

새로운 밀레니엄에 들어서면서 군사에 있어서도 동시에 전장에 있어서의 새로운 세대로 들어서도 있다. 이러한 새로운 정보문명 세대에서의 전쟁에 다한 이론[7]으로 NCW가 등장하고 있다. NCW는 새로운 전쟁에 관한 이론이며, 최상위 수준의 포괄적인 개념이다.[8] NCW는 완전히 혹은 부분적으로라도 네트

7) 어떤 이론이라고 하는 것은 논의 혹은 조사 그리고 어떤 증명되지 않은 가정을 위해 만들어진 가설이며, 또한 어느 정도까지 증명되어 왔던 어떤 관측된 현상에 내재되어 있는 원리나 명백한 관계를 조직화한 것을 말한다.(Fredric C. Mish, Editor in Chief, Webster's Ninth New Collegiate Dictionary, New York : Merriam-Webster, Inc., 1990, p.1223 및 David B. Guralnik, Editor in Chief, Webster's New world Dictionary of American Language, Second, NewYork : prentice Hall, 1986, p.1475)

8) Office of Force Transformation, The Implementation of Network-centric Warfare, DoD, 2005, p.3.

워크화된 군이 결정적인 전장 우위를 창출할 수 있는 전략, 새로운 전술, 전기 및 절차(TTP), 조직에의 함의를 광범위하게 포함하고 있다.

한편 한국국방연구원의 노훈 등[9]은 NCW를 전투수행효과를 창출하는 구조를 설명하는 하나의 이론으로 정의하고 있다. 즉, 이 이론은 첨단 센서나 정보기술의 진전이라는 관점에서 기존의 전투수행효과 창출 구조를 새롭게 설명하고 이를 바탕으로 어떻게 효과를 극대화할 수 있는 지를 밝히고자 하는 것이다. 전쟁 이론으로서의 힘의 근원과 그들 간의 관계, 그리고 전체 군사 스펙트럼에 걸쳐 어떻게 적용되는가와 성과와의 연계성을 설명할 수 있어야 한다. NCW 이론의 핵심은 조직의 관계와 프로세스에 대한 군의 선택으로서 네트워크화된 군은 그렇지 않은 군보다 더욱 성과가 높다는 가설이다.

이와 같은 대전제 혹은 핵심 가설은 다음과 같은 네 가지 핵심적의 교의(敎義)를 가지고 있다.[10] 첫째, 강건하게 네트워크화된 전력은 정보 공유를 개선시킨다. 둘째, 이러한 정보의 공유는 더 나은 정보의 질과 상황인식의 공유를 가져다준다. 셋째, 공유된 상황인식은 협조된 노력(Collaboration)과 자기동기화(Self-Synchronization)를 향상시킬 뿐 아니라 지속성과 지휘의 속도를 향상시킬 수 있다. 마지막으로, 결국 이와 같은 과정은 군의 효과성(effectiveness)을 극적으로 증대시킨다. 이 같은 NCW의 핵심 논의들은 경영학의 가치사슬이론과 묶어 설명될 수 있다.

다음 〈그림 1-1〉는 NCW의 핵심 교의들과 군사에서의 새로운 가치사슬을 연계하여 설명함으로써 위 핵심가설을 더욱 정교화할 수 있도록 하고 있다.

한편 NCW의 실천적 구현 관점에서 이 이론의 핵심적인 내용은[11] 소위 센서격자망(sensor grid), 교전격자망(engagement grid), 그리고 정보격자망

---

9) 노훈 · 손태종, NCW : 선진국 동향과 우리 군의 과제, 주간국방논단, 한국국방연구원, 제1046호, 2005, p.2.

10) Office of Force Transformation, The Implementation of Network-centric Warfare DoD, 2005, p.7.

11) 노훈 · 손태종, NCW : 선진국 동향과 우리군의 과제, 주간국방논단, 한국국방연구원, 제1046호, 2005, p.2의 내용을 발췌하여 인용.

(information grid)이라 불리는 3개의 격자망을 통한 설명에 그 핵심이 있다.

〈그림 1-2〉와 같이 센서격자망은 여러 가지 다양한 유형의 감시센서들을 연결해서 전장상황을 폭넓게 그리고 적시에 알 수 있게 하고, 교전격자망은 여러 가지 다양한 무기체계들을 통합해서 전투력을 대폭 증가시키는 역할을 하는 것이다. 물론 정보격자망은 앞의 센서격자망과 교전격자망을 서로 밀접히 연결해서 망 안에 포함되어 있는 모든 감시 장비들과 타격 무기체계들을 하나의 장치가 작동하는 것처럼 묶어 주는 것이 되는 것이다.

2. NCW의 이점과 전투우위의 근원

NCW의 핵심 가설과 교의들은 네트워크화 되어 있는 군이 여러 가지 이점을 가질 수 있다는 것을 논리적으로 추론해 볼 수 있다. 최근의 많은 연구 문헌들은 힘이 점차 정보의 공유, 정보에 대한 접근, 그리고 속도로부터 나온다는 이론을 지지하고 있다. 이 같은 관점은 최근의 미군의 군사작전 경험의 결과에 의해서도 지지되어 왔다.[12]

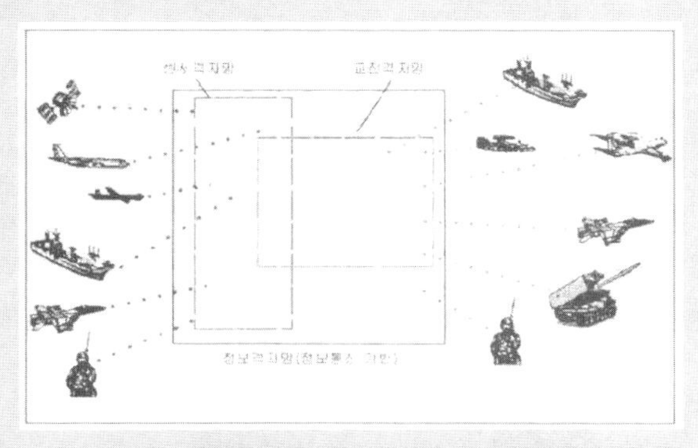

〈그림 1-2〉 실천적 구현 관점에서의 NCW 이론의 핵심

출처 : 노훈 외, NCW연구 프로젝터, Proceeding 자료, 한국국방연구원, 2005, p.2 <그림> 인용

12) Wilson, Clay, Network centric Warfare : Background and Oversight Issues for Congress, CRS Report for Congress, June. 2004, p.7.

군이 포괄적으로 통합된 능력을 가지고 완전하게 합동성을 갖추고서 NCW의 교의와 원리에 따라 전쟁을 수행할 수 있도록 한다면, 정보시대 전장의 경로의존적인[13] 본질을 고도로 추구할 수 있다. 이와 같은 이점들은[14] NCW 이론이 추구하는 군의 가치로서 정보우위를 통한 전장우위의 근원이다.

첫째, 네트워크화된 군은 더 가볍고, 더 빠르게 기동할 수 있는 소규모 단위로 구성될 수 있으며, 더 작은 플랫폼으로 장착되고 더 작은 군수품을 이동시킨다는 것은 어떤 군의 임무를 더 효과적으로 달리 말하면 더 작은 비용으로 수행할 수 있다.

둘째, 네트워크 화된 군은 새로운 전술을 사용하여 전쟁을 수행할 수 있다. 육군에서 비선형전의 일환으로 OIF 당시 사용하였던 스와밍전술(swarming tactics)[15]은 전장에서 전력의 분산과 집중을 신속하게 소부대로도 대부대의 전투수행효과를 획득할 수 있었다. 넓은 지역에 분산된 소부대로 이러한 효과를 획득할 수 있는 새로운 전술의 사용은 전장에서 정보공유화가 가능한 네트워킹을 통해 부대 전원이 신속하게 추적할 수 있고, 가용한 모든 전력요소를 신속하

---

13) 경로의존적이란 초기 조건에 있어서의 조그만 변화가 최종 산출물에 거대한 변화를 초래한다는 것을 말한다. 그러므로 군은 적이 따라올 수 없는 변화율로 발전시킨다는 목적을 가지고 그들의 이익에 바람직한 초기 조건을 규정해야만 한다.
(Dan Catericcia and Matthew French, "Network-centric Warfare : Not There Yet", Federal Computer Week, June. 2003.
[http://www.fcw.com/fcw/articles/2003/0609/cov-netcentric-06-09-03.asp]

14) 국방대학교 박휘락은 정보의 효율성 증대, 군사력 효율성 증대, 지식의 공동활용 보장, 초기문제해결능력 보장, 억제효과, 표준화 확대 등과 같은 용어로 NCW의 이점에 대해 논하고 있다.(박휘락, 네트워크중심전에 대한 분석, 국방대학교, Proceeding Paper, 2005.)

15) 이 전술은 모든 방향에서 동시에 적을 공격하는 것으로서, 이점으로 첫째, 더 소규모의 부대와 더 작은 장비로 수행하기 때문에 요동치는 전쟁에 효율적이다. 둘째, 적이 광범위하게 분산되어 있는 대형에 효과적으로 공격하기가 어렵다. 셋째, 어떤 대형을 유지하거나 차량에 의해 지체될 필요가 없기 때문에 전투 단위 부대들이 더 넓은 전장을 커버할 수 있다. 넷째, 우군의 위치를 알고 있는 것은 전투 작전 간 아군 간 충돌이나 손실(fratricide)을 감소시킬 수 있다. 다섯 번째, 주변 전장에서 전투하기보다는 내부로부터의 작전수행에 의해 근본 지지를 무너뜨리면서 적 지휘구조의 심장부에 똑바로 지향된 공격을 가능하게 한다.

게 통합하여 지원받을 수 있는 것이 전제가 된다는 관점에서 NCW 군의 커다란 이점이라 할 수 있다.

셋째, 개별 전투원들이 전장에서 사고하고 행동하는 방법이 또한 변화될 수 있다는 것이다. 한 가지 예를 들면, 단위 부대가 전장에서 어려운 문제에 봉착했을 때, 그들은 전술작전센터에 무선을 통하거나 멀리 떨어져 있는 전문가들과 네트워크화된 통신방법으로 방법을 강구할 수 있음으로써 전장사고와 행동 방법을 합목적적으로 다양화할 수 있다.

넷째, 센서에서 슈터까지의 시간을 감소시킬 수 있다. 네트워크화된 군의 NCW시스템을 사용하여 전장에 있는 전투원들은 미 본토로부터 분석되어 돌아오는 회신 분석 보고서를 기다리는 것이 아니라 센서 디스플레이로부터 얻을 수 있는 가공되지 않은 정보 상황에 대하여 그 자리에서 분석을 수행할 수 있는 능력을 가질 수 있다.

다섯째, 지리적으로 널리 분산 배치된 각개의 무기체계들은 매우 효과적으로 활용할 수 있다는 것이다. 보통 무기체계들은 통신이나 유효사거리의 제한으로 인해 한곳에 집결해서 배치하게 되지만, 이 개념을 활용하면 모든 무기체계들은 지리적 구속에서 해방될 수 있는 것이다. 무기체계들이 전장 공간 내 어느 곳에 위치하던 간에 네트워크상에 존재하기만 하면 신속하게 효과위주의 집중공격에 참가할 수 있을 뿐만 아니라 이동과 수송 소요도 대폭 축소시킬 수 있는 것이다.

마지막으로, 또 다른 이점으로는 전투참여 요원들이 공통으로 보유하는 지식이 많아진다는 것을 들 수 있다. 이것은 말단 제대에서도 지휘간의 의도를 신속히 이해하고 자동적으로 전투에 임하게 됨으로써 작전 템포를 빠르게 하고, 적은 전투력으로도 큰 전투효과를 발휘할 수 있도록 한다.

즉, 흔히 전쟁원칙이라 불리는 목표의 원칙이나 지휘통일의 원칙 또는 간명성의 원칙 등을 매우 효과적으로 적용할 수 있는 방법이 되는 것이다. 물론 지휘관의 관점에서도 이 경우 신속한 의사결정을 할 수 있다는 이점이 주어지게 된다.

3. NCW 이론의 속성

NCW 이론은 당연히 RMA(Revolution in Military Affairs) 논의의 진전과 함께 대두된 다양한 현대적인 전투수행이론들과 관련되어 있다.[16] 하나의 예로서, 공군에서 많이 논의되고 있는 전투의사결정모형인 OODA Loop는, 전투수행 주기가 관측(Observe), 판단(Orient), 결심(Decide), 행동(Action)으로 연결된 하나의 순환 고리(Loop)를 형성하여 이뤄진다는 설정 아래 이를 보다 빠르게 순환시킴으로써 적보다 상대적 우위를 확보할 수 있다는 것이 이론의 핵심이다. 이와 같은 몇 가지 전투 수행 이론들은 NCW의 구조와 효과를 연계하는 매개이론으로 역할을 하고 있다.

NCW 이론의 관점에서 들여다보면, NCW 이론의 적용으로 구축될 수 있는 전장에서의 가치를 활용하여 전장에서의 빠른 상황 파악과 전파, 정보의 질 향상, 인식 공유를 통한 정보우위를 달성하고, 나아가 흔히 플랫폼이라 불리는 탱크나 함정, 전투기 등 하나 하나의 단위 무기체계의 효과보다 이들 간에 네트워크 연결을 통한 시너지 효과로 효과성을 극대화할 수 있다는 기본적인 사고 하에 이 효과를 극대화하기 위한 다양한 전투요소의 구조와 운용 그리고 시스템을 새롭게 설계하여 네트워크화된 전력의 건설과 운용으로 전장승리에 기여할 수 있다는 속성을 가지고 있다.

이러한 이론의 포용력과 확장성으로 인해 이제 NCW 이론은 미국이 최근 지속적으로 발전시키고 있는 합동작전의 대표적인 전쟁 수행철학과 수행개념들 즉, 전장에서 핵심적인 효과에 중점을 두고 작전을 수행한다는 속성을 가지고 있는 효과기반 작전(EBO : Effect Based Operations)이나, 실제 합동 작전 수행을 위한 통합개념으로서 신속결정 작전(Rapid Decisive Operations) 개념, 그리고 부속 개념들로서 정보작전 등과 같은 개념들의 핵심적인 이론적 토대로 작동되고 있다.

출처 : 손태종외, 「네트워크중심전(NCW)연구」(서울 : 한국국방연구원, 2005), pp.62-68.

---

16) 다양한 미래전 이론에 관한 자세한 논의는 "권태영, '21세기 미래전 이론 분석 및 발전 방향', 「국방정책연구」 65호, 한국국방연구원, 2004 가을"을 참고.

제2장

종합군수지원(ILS) 고찰

제1절 군수와 무기체계의 특성

1. 군수의 개념

군수(Logistics)란 '군사목표'(Military Objective)를 달성하기 위하여 연구개발, 소요, 조달, 보급, 정비, 수송, 시설, 근무 등 제 기능수행에 필요한 자원을 획득, 관리, 운용하여 군에 필요한 자원 즉, 인원, 물자, 자금, 시설, 용역 등을 획득, 관리, 운용하여 군에 필요한 군사력(무기, 장비, 물자 등)을 준비, 유지, 지원하는 제반활동[17]이다. 그것의 영역은 군수관리와 군수지원 분야로 구분할 수 있다.

'군수관리'(Logistics Management)분야는 최적의 노력과 자원의 투자로 최대의 군사력을 유지하기 위한 활동으로 주로 군수전문 관리자에 의해 수행되며, '군수지원'(Logistics Support)분야는 부대운영 유지 및 작전활동에 필요한 자원의 보급, 정비, 수송, 근무를 제공하는 활

17) 육군본부, 「군수관리(야전교범 19-1)」(대전 : 육군본부, 2004), p.2.

동으로, 주로 각급제대 지휘관 및 참모에 의해 수행된다.

군수기능별로 군수영역을 대별해 보면 연구개발 및 소요 등의 기능은 군수관리 영역에서, 그리고 수송, 시설, 근무 등은 군수지원영역에서 이루어지고 있다. 우리 군은 병과부대별로 책임 및 전문성을 고려하여 지원하던 병과별 지원체제를 1982년 전투부대에 대한 근접 및 집중지원을 보장할 수 있도록 군수기능별로 통합을 실시하여 군수지원활동(보급, 정비, 수송, 시설, 근무 등)을 중심으로 군수기구를 편성하고, 지원계통을 구성하여 단일 지휘하에 기능별로 군수지원 하는 기능화 군수지원체계로 개편하여 지금에까지 이르고 있다.

2. 군수와 무기체계와의 관계

우리 군에서는 무기체계를 "하나의 무기체계가 부여된 임무달성을 위하여 필요한 인원, 시설, 소프트웨어, 종합군수지원요소, 전략/기술 및 훈련 등으로 성립된 전체 체계를 말한다."[18]라고 정의하고 있다. 현대 무기체계의 군수지원과 관련된 특성은 체계성, 복잡성, 고가성 및 수명주기비용의 조기 확정 등을 들 수 있다. 이러한 특성으로 인해 군수지원 업무는 갈수록 복잡화·전문화되어 가고 있다. 육군종합군수학교에서 제시한 군수지원과 관련된 무기체계의 체계성, 복잡성, 고가성, 수명주기 비용의 조기 확정에 대한 구체적 설명을 정리하면 다음과 같다.[19]

첫째, 무기체계의 체계성이다. 현대 무기체계는 무기체계 자체뿐만 아니라 이를 지원하는 물자 및 인적자원 등의 제반 요소들이 모두 갖추

18) 국방부, 훈령 제793호, 「국방전력발전업무규정」(서울 : 국방부, 2006), p.187.
19) 육군종합군수학교, 「종합군수지원」(대전 : 육군종합군수학교, 2007), pp.5-6.

어 질 때 주어진 고유 임무를 수행할 수 있다. 만일 무기체계를 획득할 때 주 임무 장비만을 개발하고 부대장비 및 수리부속품 등을 획득하지 않는다면 주 임무 장비가 의도하는 바의 성능을 제대로 발휘할 수 없다. 뿐만 아니라 지원요소를 주 임무 장비와 별도로 개발하는 것은 주 임무 장비와 함께 동시에 개발하는 것보다 더 많은 비용을 발생시키게 된다. 또한 주 임무 장비의 성능만을 고려하여 무기체계를 획득한 결과, 이 무기체계가 고장수리 및 운반이 불편하고 수리비용과 교육훈련 비용이 많이 들고, 또 고도의 운용기술을 요할 경우 이러한 무기체계는 오히려 성능이 다소 떨어지는 무기체계보다 더 못하다고 할 수 있을 것이다.[20] 이처럼 무기체계는 하나의 무기와 장비가 주어진 임무수행을 위하여 그 목적을 달성할 수 있도록 운용 유지하는데 소요되는 제반시설, 지원장비, 보급물자 그리고 일정 수준의 기술을 가지고 조작, 운용하는 인적자원 전부를 망라한 총합체로서 이중 어느 하나라도 결여될 경우 부여된 임무를 수행하는데 지장을 초래할 수밖에 없는 것이다. 예를 들어 전차라는 무기체계는 전차 자체뿐만 아니라 제반시설, 연료, 주요시설, 탄약, 통신장비, 승무원, 정비병, 기술제원, 시험장비 등을 통합한 하나의 체계로 요구하는 기능을 발휘하게 되는 것이다. 이처럼 현대 무기체계는 주 임무 장비뿐만 아니라 제반 지원요소가 모두 갖추어져야 하는 체계성을 가지고 있기 때문에 무기체계에서 군수지원의 중요성은 점점 증가하고 있는 것이다. 바로 이러한 이유 때문에 무기체계 획득시 군수지원 관련 문제는 주 장비 못지않은 관리 노력을 기울이지 않으면 안 되는 중요한 과

---

20) 각종 무기체계 및 장비획득 관련 비용증대의 원천에 관한 연구에 관해서는, Willism Fast, "Sources of Program Cost Growts," *Defense AT & L*(March-April 2007), pp.24-27 내용을 참조.

제로 대두되고 있는 것이다.

둘째, 무기체계의 복잡성이다. 과학기술의 발전은 무기체계의 성능과 형태에 혁신을 초래하여 무기체계의 사거리, 정확도, 파괴력 등의 성능을 증대시킴은 물론, 주 임무 장비에 부속된 지원장비 및 보급지원체계의 특성을 크게 발전시키고 있다. 특히, 대응 무기체계간 경쟁적인 발전관계는 계속적인 추가 장치를 부가시킴으로서 복잡성을 가일층 증대시키고 있으며, 특히 최근의 통신전자 기술의 비약적인 발전은 무기체계의 복잡성을 더욱 촉진시키는 요인으로 작용하고 있다. 이에 따라 주장비에 수반되는 지원/시험장비, 보급/정비지원체계 등의 군수지원체계도 크게 변화하여 복잡화됨으로써 정비의 곤란성 증대에 따른 정비요원의 전문화가 요구 되며, 군수요원의 교육훈련 소요 또한 대폭 증가되고 있는 실정에 있다.

셋째, 무기체계의 고가성이다. 현대 무기체계는 성능 향상을 위한 정밀화 및 복잡화로 인하여 무기체계 획득비용과 운용유지비를 크게 증대시키고 있다. 특히 운용유지비는 전투준비태세 유지를 제고시키기 위해 수명주기비용의 중요 비용 항목이 되고 있으며 때에 따라서는 운용유지비가 무기체계 획득비용을 크게 초과할 경우도 있다. 또한 정비에 필요한 시험장비, 공구, 교범 및 시설 등을 획득하는데 소요되는 비용이 무기체계 획득가격의 85%에 이르고 있으며, 100%를 초과하는 경우도 많이 있다.[21] 이처럼 군수지원 요소 획득비용이 날로 증가함에 따라 운영유지비의 절감노력이 그 무엇보다도 강조되고 있으며, 이러한 비용을 절감할 때 국방비의 절감과 효율적인 군 운용에 기여하게 될 것이다.

넷째, 무기체계의 수명주기비용 조기결정이다. 무기체계의 수명주기

21) 김철환·이건재, 「무기체계획득관리」(서울 : 국방대학교, 2001), p.443.

비용은 획득 초기단계에 대부분 결정되는 반면, 수명주기비용의 절감기회는 탐색개발 단계를 지나면서 급속히 감소하게 된다. 즉, 무기체계 수명주기비용을 절감하기 위해서는 탐색개발 단계와 체계설계 단계에서 집중적인 노력이 요구된다. 소요제기 단계에서 부터 명확한 설계 요구사항이 도출돼야 최적비용으로 최대효과를 발휘할 수 있는 체계개발이 가능하게 되며, 초기 설계 요구사항이 명확하지 못할 경우에는 개발목표 변경에 따른 설계비용 증가와 운용유지 개념 변경에 따른 유지비용의 증가, 개발장비에 대한 품질입증 및 평가의 곤란, 신뢰도 예측 및 분석이 불가능하게 된다.

예를 들면, 특수하고 복잡한 설계는 성능 면에서는 향상될 수 있으나, 고장빈도가 높고 수리시간과 비용이 과다 소요되어 결과적으로 전체적인 운용효과를 떨어뜨리게 됨으로써 운용유지비용을 증가시키게 되는 것이다. 따라서 주 장비를 설계, 제작할 때에는 군수지원이 용이하고 운용유지비용이 최소화 되도록 요구해야 하며, 설계자들은 그들의 설계결정이 군수지원에 중대한 영향을 미친다는 사실을 인식할 필요가 있다.

무기체계의 체계성, 고가성, 복잡성 및 수명주기비용의 조기결정 등의 특성들은 군수업무에 많은 영향을 미치고 군수업무 또한 무기체계의 성능유지에 영향을 미치게 되기 때문에 주 장비 개발과 군수지원은 획득 초기단계에서부터 동시 추진되어야 하는 것이다. 바로 이러한 이유 때문에 미국에서는 무기체계의 성능의 지속적인 보장, 연구개발 투자비의 효율성 증대, 군수지원 요소의 적시 적절한 개발 및 배치를 위하여 '종합군수지원'(ILS : Integrated Logistics Support) 제도를 1960년대 초에 창안하여 현재까지 적용, 발전시키고 있는 것이다.

보충설명

군수지원측면의 현대무기체계의 특징

현대 무기체계의 특징을 군수지원측면에서 살펴보고, 이에 따른 군수지원소요의 특성 및 요구능력을 분석해보면, 대부분의 현대 무기체계는 전자 또는 광학장치들을 사용한 구성품들의 복합체로서, 군수지원과정이 복잡하고 군수지원측에서도 재래식 장비와는 다른 다음과 같은 특징을 가지고 있다.

첫째, 완성장비나 구성품을 정비할 때 고장진단을 잘못 내릴 가능성이 높을 뿐만 아니라 고장여부의 판단마저 어려워 정비의 효율성이 저조한 편이다. 현대 무기체계에 있어서 고장이란 갑작스런 부품의 고장(break)이 아니라 점차적인 성능의 저하(degradation)를 의미하며, 이는 운용정도(operating mode) 또는 운용환경(operating environment)에 따라 상이한 증상(symptoms)을 보인다. 이에 따라 고장증상이 단속적(斷續的)으로 또는 특정 운용상태 에서 나타나지만, 무기체계의 기온, 습도, 진동, 하중 등 운용환경을 재현할 수 있는 시험장비가 부족하고 평시훈련의 제한성으로 특별한 증상만으로 고장진단을 내리기가 어렵다.

둘째, 무기체계의 과도한 정교화(highly sophisticated) 및 High-Tech 위주의 성능 발전으로 정비의 융통성이 낮다. 현대 무기체계는 구조, 성능 등이 복잡해서 고가의 전용 검사 · 고장진단 장비를 사용해야 하며, 숙련된 정비요원에 의한 적절한 정비지원 없이는 전시상황에서 무기체계 성능이 현저하게 저하되어 정비유지비를 증가시킨다.

셋째, 소프트웨어(S/W)의 비중이 증가하고 하드웨어(H/W)와 소프트웨어의 구분이 모호하며, 소프트웨어의 버전(version) 변경에 따른 일괄 교체소요가 발생한다.

넷째, 대부분 구성품의 모듈화로 낮은 정비계단(야전정비 이하)에서 모듈교환을 통한 정비지원소요가 증가한다. 이에 따라 정비창 수준의 완성장비 분해

수리 소요(overhaul 정비)는 감소하고 구성품・모듈의 재생소요는 증가하며, 구성품이 고가이고 정비의 효율성이 낮아 정비유지비는 급증하는 추세이다.

다섯째, 완성장비 및 구성품 가격이 고가로 이를 충분히 확보할 수가 없다. 이에 따라 제한된 예산 하에서 정비자원을 효과적으로 사용하기 위한 방안의 조속한 도입이 요구되며, 장비가용도(availability)에 의한 장비・정비 관리개념은 그 좋은 예라 하겠다.

여섯째, 전자전 장비, 조기경보기 등 고가의 희소 무기체계(High Cost Low Density Items)는 정비지원에 많은 애로가 있다. 희소 무기체계는 전군 보유대수가 적기 때문에 고장발생의 불확실성(uncertainty)이 높아 보유 수량이 많은 무기체계에 비해 상대적으로 높은 수준의 수리부속을 확보해야 하므로 정비유지비를 증가시킨다. 더욱이 이러한 무기체계의 대부분은 해외구매 무기체계로, 전시에 적절한 정비지원이 곤란하고 평시에는 대부분 외주 및 해외정비에 의존해야 한다.

이러한 현대 무기체계의 특성에 따른 군수지원의 특성 및 요구되는 군수지원 능력은 다음과 같다. 첫째, 모듈단위 교환소요의 증가로 부대정비의 중요성이 증대하여, 부대정비가 장비유지의 핵심요소가 될 것이다. 따라서 사단 경량화에 크게 영향을 주지 않는 범위 내에서 부대정비의 범위를 확대시켜야 한다.

둘째, 직접지원(D/S : Direct Support) 야전정비의 비중이 상대적으로 감소하고 부대정비 기술적 차별성이 약화될 것이다. 만약에 직접지원정비의 기술수준을 보강하여 부대정비와의 기술수준을 차별화할 경우에는 일반지원(G/S : General Support)정비와의 기술적 차별성이 약화되어, 결과적으로 일반정비와 직접정비의 분리운용의 필요성이 감소한다. 앞으로는 장비운용부대와 후방의 정비부대를 on-line으로 연결하여 정비하는 원격정비(Tele-Maintenance) 기술의 발달로 직접정비(D/S)의 필요성이 더욱 감소할 것으로 예상된다.

셋째, 구성품・모듈의 고가화로 충분한 재고의 확보가 곤란하여 적은 자산으로 효과적인 정비지원을 위해서는 수리부속의 중앙통제 및 보급, 정비, 수송의 통합관리가 필수적이다. 또한 고장진단 및 수리의 정확도와 신속성을 높이기 위해 무기체계별 운용실태 및 고장실적 등에 대한 체계적인 자료수집 및 분석체계가 필요하다.

넷째, 숙련된 우수 기술 인력에 대한 확보·유지대책이 시급하다. 특히 실질적인 전·평시 야전정비능력의 보강을 위해서는 기술 부사관에 대한 자체양성 및 교육훈련체제의 개선이 절실히 요구된다.

마지막으로, 정비창 수준의 완성장비 분해수리(Overhaul 정비) 소요는 감소하고 구성품·모듈의 창 정비 소요가 증가할 것이다. 그러나 현 정비창의 구성품·모듈에 대한 정비능력은 인력, 시설, 장비 면에서 극히 제한되어 있어 현재와 같은 정비창 운영체제로는 첨단 장비의 창정비(구성품·모듈의 재생)지원이 극히 제한을 받을 것이다. 따라서 정비창을 구성품·모듈 위주의 정비체제로 바꾸고 군무원의 신분전환 및 처우개선, 기술 부사관의 활용 등을 통한 정비창 운영체제의 개선 또는 정비창의 민영화가 절실히 필요하다.

출처 : 장기덕·김준식·최수동·이성윤, 『군수혁신 : 선진화를 위한 도전과 과제』(서울 : KIDA, 2005), pp.72-75.

제2절 종합군수지원의 개념

1. 도입배경

1960년대 초에 들어서면서 미국은 핵 위주의 전략에서 탈피하여 재래식 무기의 전략, 전술적 가치를 재평가 하게 되었다. 이에 따라 정밀무기 개발에 박차를 가하기 시작하였다. 그러나 고도의 과학기술 응용에 따른 장비의 정밀화와 복합무기체계로의 발전으로 인해 종래의 주 장비 위주의 개발과 사후적인 군수지원 업무로는 무기체계의 성능유지와 경제성을 보장할 수 없게 되었다. 바로 이러한 이유 때문에 무기체계 개발의 종합적 관리가 강조되었으며, 특히 성능의 지속적 보장, 연구개발 투자비의 효율성 증대, 군수지원 요소의 적시·적절한 개발 및 배치를 위하여 1964년부터 미 국방부에서 ILS 제도를 창안, 적용하기 시작하였다.

한편, 우리 군의 ILS 제도의 발전 과정을 살펴보면 1960년대까지는 거의 대부분의 무기체계를 미국으로부터 직도입 하던 시대였기 때문에 ILS에 대한 특별한 검토가 없었다. 그리고 1970년대에 들어서면서 자주국방체제를 구축하기 위해 일부 국내 방위산업체에서는 미국의 장비를 모방 생산 야전배치 하기 시작하였는데 이 과정에서 수많은 군수지원 상의 문제점이 발생되었다. 이에 따라 1978년에 국산장비 야전운용 실태조사를 처음 실시하게 되었는데 이것이 바로 ILS 개념을 도입하게 된 주된 배경 요인이다.[22] 이 조사에서 무기체계 및 장비획득시 ILS 개념에 대한 인식부족 및 제도화를 이루지 못해 막대한 예산낭비를 초래하게

22) 유중근, "종합군수지원 11대 요소별 발전방향", 2007 ILS업무발전세미나(2007년 6월 15일, 육군본부), p.5.

됨을 인식하게 되었다.

1980년대에 들어서면서부터 ILS 개념에 대한 인식이 더 강화되기 시작하였는데 그 이유는 우리 군의 요구조건에 부합되는 무기체계를 국내에서 독자 개발하기 시작하면서 부터 제반 군수지원요소의 반영 및 관리가 중요한 과제로 부각되었기 때문이다. 즉, 외국에서 개발되었거나 운용 중인 장비를 패키지 단위로 획득·운용하고 단지 장비 운용유지에 따른 문제점만을 고려하였던 과거와는 달리, 주 장비와 관련시켜 개발초기부터 각종 군수지원소요를 식별하거나 군수지원의 용이성과 지원소요를 최소화하기 위한 주 장비의 설계, 기술교범의 제작, 배치 후 정비 및 보급 등 과거에 볼 수 없었던 많은 분야에서 난관에 부딪치게 되었던 것이다. 따라서 이러한 문제점을 근본적으로 해결하기 위해 국방부에서는 1992년 6월 「종합군수지원업무규정」(국방부 훈령 제449호)을 제정하여 발행하였으며, 이후 2000년 12월 「국방획득관리규정」(훈령 제676호) 및 2006년 6월 「국방전력발전업무규정」(국방부 훈령 793호)에 ILS관련 규정을 포함시켜 지금에까지 이르고 있는 것이다.[23]

2. ILS 정의, 원칙 및 요소

1) ILS 정의

ILS는 무기체계의 효과적이고 경제적인 군수지원을 보장하기 위하여 소요제기 시부터 설계, 개발, 획득, 운용 및 폐기 시까지 전 과정에 걸쳐 제반 군수지원 요소를 종합적으로 관리하는 활동이다.[24] "종합"이란 무

---

23) 이경재, 「획득기획의 이론과 실제」(서울 : 대한출판사, 2007), p.161.

기체계의 설계, 개발, 획득 과정에서 제반 군수지원 업무가 주장비 획득 업무와 동시에 이루어질 수 있도록 관리함으로써 군수지원의 적시성을 보장하는 것을 의미하며, 군수지원 요소별 업무를 기능적으로 종합한다는 것을 의미한다. 즉 ① 주장비 성능과 군수지원 용이성의 보완적 발전, ② 군수지원 요소 간 유기적 통합, ③ 군수지원 요소의 획득 업무를 주장비 획득과 동시적 수행, ④ 군수지원 요소 획득과 운용의 순환체계 유지를 말한다, 또한 야전배치시 제공된 개발제원은 장비 운용기간 중에 경험제원을 수집, 분석하여 최신 제원으로 수정, 보완하고 개발기관에 환류(feedback)시켜 차기 무기체계 개발에 활용하는 것이다.[25]

2) ILS의 원칙

ILS 원칙은 다음과 같이 크게 네 가지로 구분할 수 있다.

① 무기체계의 설계, 개발 및 획득과정에서 ILS 요소가 주 장비 사업추진과 같이 이루어지도록 관리하여 무기체계 수명주기간 ILS의 적시성과 지속성이 보장되도록 하여야 한다.

② ILS는 주 장비에 요구되는 군수지원 소요를 정립하고 군수지원요소를 개발, 획득한다.

③ 주 장비 및 지원장비의 표준화와 호환성을 유지하고, 가급적 현 지원체제를 활용할 수 있도록 개발하여 운용유지비의 최소화로 경제적인 군수지원이 보장되도록 한다.

④ 야전배치시 제공된 개발제원은 장비운용기간 중 경험제원을 수집, 분석하여 최신 제원으로 정립하고 차기 무기체계 개발에 활용토록 한다.[26]

---

24) 국방부, 훈령 제793호, 「국방전력발전업무규정」, p.210.

25) 국방부, 「ILS사례집」(서울 : 국방부, 1998), pp.5-6.

26) 방위사업청, 훈령 제13호, 「방위력개선 사업관리규정」(서울 : 방위사업청, 2006), p.42.

이와 같이 우리 군은 이러한 네 가지 원칙을 가지고 ILS에 대한 업무을 수행하고 있다.

3) ILS 요소

ILS 요소는 무기체계의 수명주기간에 주장비를 효과적, 경제적으로 운용유지 할 수 있도록 군수지원을 보장해 주는 제반사항이다. 따라서 ILS 요소는 무기체계 획득 전 단계에서 종합되어야 하는 부분으로 주장비와 병행해 개발되어야 하며, 요소에는 유형적인 요소뿐만 아니라 계획, 분석, 판단 등과 같은 활동과 제원도 포함된다. 우리군의 ILS 요소는 1983년 미 육군의 종합군수지원제도에 9개 요소를 선정한 이래 1992년 육군규정 개정시 13대 요소로 수정하였다가 1997년 규정개정시 11대 요소로 확정하였으며 방위사업법(2006. 1. 2), 방위사업법 시행령(2006. 2. 28), 방위사업법 시행규칙(2006. 4. 24) 제정시 일부개념을 재정립하여 〈표 2-1〉과 같이 현재의 11대 요소로 확정하였다.[27]

이러한 요소들은 ILS를 적용하여 발전시키거나 획득하려고 하는 주요 대상이자 업무중점을 나타내는 것이므로 국가, 군 및 무기체계 특성에 따라 상이하게 적용할 수 있다. 그러나 ILS 요소를 상이하게 적용하는 것은 그렇게 중요한 것은 아니며, 단지 업무수행 과정에서 어떤 분야에 중점을 두느냐에 적용이 달라진다. 따라서 사업의 종류에 따라 융통성 있게 적용할 수 있는 것이다. ILS 11대 요소별 세부 내용은 다음과 같다.

---

27) 국방부, 훈령 제793호, 「국방전력발전업무규정」, p.47.

〈표 2-1〉 ILS 11대 요소

구 분	2005년 이전	2006년 이후
ILS 요소	연구 및 설계반영	연구 및 설계반영
	표준화 및 호환성	표준화 및 호환성
	정비지원	정비계획
	지원 및 시험장비	지원장비
	보급지원	보급지원
	인력 및 인사	군수인력운영
	교육훈련 및 교보재	군수지원교육
	기술자료	기술교범
	포장/취급/저장 및 수송	포장/취급/저장 및 수송
	시설	정비 및 보급시설
	군수관리 전산자료 지원	기술자료 관리

(1) 연구 및 설계반영

연구는 계획된 무기체계에 대한 최적의 ILS 개념을 형성하고, 이를 구체화 및 확정하기 위하여 유사체계 등을 통해 관련 자료를 수집하여 검토, 분석 및 평가하는 활동이다. 이러한 연구는 군수지원 소요제기 시부터 개발이 완료될 때까지 반복적으로 수행한다. 설계반영은 무기체계의 소요기획, 연구개발, 시험평가 및 야전 배치 후 전력화평가에 이르기까지 ILS 전 과정에 걸쳐 군수지원요소 및 요구사항을 주장비 설계 및 개발에 반영하는 활동이다. 설계과정에서 반영해야 할 사항은 다음과 같다.

- 수집한 무기체계별 종합군수지원 자료의 검토 결과
- 주장비 선정 및 설계시 군수지원의 용이성, 지속성 및 운용 유지비의 최소화를 위한

요구사항

- 정비계획요소 중 주장비 설계에 의해 많은 영향을 받는 정비개념, 시설인력, 지원장비 등 군수지원 가용성 및 운용 유지비 절감방안
- 개발과정에서 설계변경이 요구될 경우에는 군수지원소요와 운용유지비 및 불가동시간의 최소화 방안
- 무기체계 탐색개발과 체계개발단계 초기에 ILS 요소 소요

(2) 표준화 및 호환성

표준화 및 호환성은 무기체계를 개발 및 획득할 때 소요되는 구성품, 소모품, 물자 등과 같은 재료와 설계, 시험평가, 정비 등과 같은 방법적인 면에서 최대한 공통성을 유지시켜 장비 간의 군수지원이 용이하도록 군수지원 소요를 단순화하는 활동이다. 무기체계 획득/개발시 표준화 및 호환성에 대하여 고려해야 할 사항은 다음과 같다.

- 신규개발로 획득할 장비와 배치 운용중인 장비간의 표준화 · 호환성이 유지 되도록 무기체계 신규 소요결정과 연구개발시 설계에 반영
- 무기체계 주 장비와 부수장비 등에 대한 표준화는 종합군수지원계획서에 포함하여 추진
- 부대 및 야전 정비계단에 대한 ILS 요소개발시 표준화 및 호환성 반영

(3) 정비계획

정비계획은 획득할 무기체계의 관리 및 정비지원의 용이성을 위하여 필요한 정비요소를 개발하여 분석하고, 획득과정을 통하여 지속적으로 개선될 수 있도록 하는 활동이다. 이러한 정비계획은 다음과 같은 사항들이 포함된다.

- 정비개념
- 정비업무량 추정 및 분석
- 창정비 요소 개발
- 정비지원시설 소요 및 정비할당표[28](MAC : Maintenance Allocation Chart)
- 정비지원을 위한 기술요원 주특기 소요 및 주특기별 기술 수준
- 정비대충장비(M/F : Maintenance Float) 소요[29]
- 하자보증 및 사후관리지원(A/S)의 수행방법

(4) 지원장비

지원장비는 주 장비의 유지에 필요한 모든 군수지원 장비를 말한다. 이 요소의 업무중점은 지원장비의 품목, 기준 소요량 등의 소요를 판단하고 획득하는 것이다. 또한 지원방비는 정비업무량 결정에 영향을 미치며 무기체계의 안정성 및 사용 효과를 좌우할 뿐만 아니라 ILS 비용의 많은 부분을 점유하는 요소이다. 따라서 현용 지원장비와의 호환성을 최대한 고려하여 획득하여야 한다. 지원 대상 장비는 다음과 같다.

- 시험측정 및 검사장비
- 정밀측정장비, 계측기 및 교정장비

---

28) '정비할당표'(MAC : Maintenance Allocation Chart)는 정비근무(검사, 수리, 재생, 교환)에 대한 제대별 사용공구 및 장비 정비 소요시간(소요인시)을 장비별로 작성하고 부대정비 교범의 부록으로 수록하며 식별된 완제품 또는 구성품에 대해 정비기능을 수행하는데 필요한 전반적인 권한 및 책임을 규정한다.

29) 정비대충장비(M/F : Maintenance Float)는 사용불가능한 상태의 주요 장비에 대하여 지원정비시설에서 적시성 있는 정비가 불가할 때 정비의 공백 기간을 충당하기 위하여 확보하는 장비로서, 즉각적인 전투지원 태세를 유지하기 위해 운용되는 여유분의 무기체계 및 장비를 말하며, 장비의 특성을 고려하여 수량의 대략 2~10% 수준을 보유한다.

- 물자취급장비 : 구난차, 크레인, 지게차 등
- 유류 및 탄약지원 장비
- 근접 정비지원용 장비

(5) 보급지원

보급지원은 무기체계를 운용 유지하는 데 필요한 지원물자, 제원, 인원 등을 소요판단하여 획득하는 활동이다. 보급지원의 핵심 업무인 초도보급소요 획득은 주 장비를 배치한 초기단계에 소요되는 지원품목의 범위와 소요량을 결정하는 것으로 무기체계의 가동률과 정상 운용유지단계의 군수지원 수요형성에 중요한 영향을 미치기 때문에 업무의 정확성이 특히 요구된다. 보급지원에서 고려해야 할 주요사항은 다음과 같다.

- 보급지원 및 지원절차 수립
- 동시조달수리부속(CSP : Concurrent Spare Parts)[30] 소요 산정
- 기본불출품목(BII : Basic Issue Item)[31] 소요산정

---

30) '동시조달수리부속'(CSP : Concurrent Spare Parts)은 초도 및 후속 보급되는 장비의 필수소요 수리부속품을 장비와 동시에 조달하여 효율적인 장비유지 및 정비관리를 도모하기 위한 수리부속품을 말하며 초도보급소요산정시 사용부대 및 지원부대의 3년간 보급지원을 고려하여 확보하고 초도보급 소요산정은 소요군의 의견을 반영하여 방위사업청에서 산정하고 후속보급 소요산정은 야전운용실적을 고려하여 육군 군수사령부에서 주관하여 산정한다.

31) 기본불출품목(BII : Basic Issue Item)은 완제품을 구성하는 부수품, 부수장치, 구성품, 결합체와 1계단 정비 부수품, 공구 및 보급품, 예비 수리부속품 등을 말한다. 이는 최초 장비보급시 동시에 보급되며, 운용 중에 마모 · 분실시는 즉각 보충하여 항시 품목 기준수에 맞도록 확보 · 관리해야 한다. 장비에 상시 구비되어 있어야 되는 품목으로서 장비운영에 따른 일품검사, 재물조사, 장비보급 및 관리전환, 지휘검사시 활용되고 있으며, 각종 제원이 변경시 수정 및 보완절차는 육군군수사령부 책임하에 수행하고 있다.

- 유사장비 규정휴대량목록(PLL : Prescrubed Load List)[32] 운용 실적
- 인가저장목록(ASL : Authorized Stockage List)[33] 운용실적
- 정비용 공구 및 공구킷
- 유류 및 탄약 소요
- 제대별 보급저장수준 설정
- 보급지원 활동을 위한 소요판단 및 편성
- 보급지원을 위한 목록 및 제원

(6) 군수인력운용

군수인력운용은 무기체계의 운용유지에 소요되는 주특기와 주특기별 인력을 판단하여 인사에 반영하는 업무이다. 업무중점은 운용유지에 필요한 장비운용요원, 보급요원 등의 인력소요가 최소가 되도록 주 장비 설계에 반영하고 요구되는 기술수준에 맞는 인력이 충원되도록 검토 및 계획을 수립하는 것이다. 군수인력운용에서 고려해야 할 주요사항은 다음과 같다.

- 장비유지 및 지원을 위한 기술특기별 소요인력 판단

---

32) 규정휴대량목록(PLL : Prescribed Load List)은 규정휴대량 품목을 기능별, 장비별로 열거해서 수록해 놓은 목록을 말하며, 이는 수리부속품에 대한 보급근거 문서가 된다. 규정휴대량 목록의 작성책임은 육본에서 해당 장비별로 책자를 작성발간 하달하며, 사용부대에서는 책자를 근거로 하여 해당되는 품목만을 발췌하여 자대 규정휴대량 목록 2부를 작성, 1부는 자대 보관하고 나머지는 지원시설에 제출함. 규정휴대량 목록의 검토 및 수정절차는 육본 관련부서에서 규정휴대량 목록에 대한 수요실적을 매 반기(연 2회) 별로 검토하고, 수정사항이 있을 시는 매년 1회(연초) 기 발행된 규정휴대량 목록을 수정 발간 하달하여 관리한다.

33) 인가저장품목(ASL : Authorized Storage List)이란 보급제대에 저장하도록 인가한 인가저장 목록상의 품목으로서, 각급 보급부대에서 현 보급을 지속하고 장차 예측되는 소요를 충당하기 위하여 항상 저장·유지하도록 인가된 보급품을 말한다.

- 특수기술 및 위험한 기술에 대한 인력소요 판단
- 손실병력에 대한 경험제원
- 무기체계 운용유지를 위한 편성인력의 기술특기별 충원계획
- 학교교육을 위한 추가 교관 소요판단

(7) 군수지원교육

무기체계 및 장비를 효과적으로 운용, 유지, 지원하는데 필요한 기술수준으로 소요인원을 훈련시키는데 필요한 훈련계획, 교육훈련 인원소요, 훈련장비, 물자, 교육보조재료 등을 판단하여 개발소요를 제기하는 활동이다. 기술요원에 대한 교육훈련은 부대훈련, 학교교육, 개발기관교육, 해외위탁교육 등의 형태로 이루어진다. 기술요원 교육훈련계획 수립시 고려해야 할 주요사항은 다음과 같다.

- ILS 시험평가요원 및 교관 선발, 훈련
- 기술요원의 부대훈련 및 학교교육에 대한 소요판단
- 신 장비에 대한 훈련계획
- 교육훈련 소프트웨어, 훈련물자, 장비 및 교육 교보재의 소요 판단 및 개발
- 교육 교보재의 지원방안

(8) 기술교범

기술교범은 사용자, 보급, 부대정비, 야전정비, 창정비 교범 및 전자식기술교범(IETM : Interactive Electronic Technical Manual)[34]

---

34) 전자식기술교범(IETM : Interactive Electronic Technical Manual)은 무기체계의 운용, 정비, 고장배제, 보급에 관련된 제반요소를 디지털화 하여 장비운용자 또는 정비요원이 컴퓨터를 사용하여 필요한 기술정보를 영상으로 표현하여 실시간 활용할 수 있게 만든 기술교범 체계이며, 방대한 기술교범(예 : K1A1전차 사용자 및 야전교범은 A4 복사지

으로 구분할 수 있으며, 이러한 기술교범 요소는 무기체계 획득단계에서 작성, 검토 및 발간하는 활동이다.

(9) 포장, 취급, 저장 및 수송

무기체계의 포장, 취급, 저장 및 수송에 필요한 특성, 요구사항, 제한사항 및 이와 관련된 관리활동을 말한다. 무기체계의 주 장비 및 군수지원 요소를 가용한 수송방법으로 안전하고 경제적으로 포장, 취급, 저장 및 수송할 수 있도록 주 장비 설계에 반영하고 소요 제원을 개발하며 안전대책을 강구하는 것이다.

(10) 정비 및 보급시설

정비 및 보급시설은 무기체계의 군수지원임무(저장, 정비, 보급 등)를 수행하는데 필요한 부동산과 관련 설비로, 무기체계의 획득과 병행하여 정비 및 보급시설 설계기준은 계속 보완 및 발전시켜야 한다. 정비 및 보급지원 시설은 무기체계 수명주기간의 지속적인 관리를 위해 필요한 소요로 시설계획 수립시 다음의 주요사항을 고려한다.

- 현존시설의 사용, 개조, 개량 가능성 판단
- 주 장비 정비에 필요한 정비계단별 정비시설 소요
- 정비시설의 환경(온도, 습도, 먼지, 자기장, 방사능, 특수전원 등) 대책
- 주 장비 정비에 필요보급품 저장시설 소요 및 저장환경

5BOX 분량을 CD 4장으로 자료화)의 종류와 분량을 CD-ROM화 하여 관리 및 활용이 용이하도록 하였다.

(11) **기술자료 관리**

기술자료관리는 무기체계의 수명주기를 통하여 관련기관의 관리자가 의사결정에 필요한 군수관리정보를 제공하는 데 요구되는 전산장비 및 제반프로그램 개발, 운용인력 및 체계구성, 관련된 각종문서 등을 소요판단하여 획득, 개발 및 지원하는 활동을 말한다. 기술자료는 크게 '기술자료묶음'(TDP : Technical Data Package)[35] 및 운용제원으로 구분되며 필요시 영상, 음향자료 및 전산자료도 포함한다.

3. 종합군수지원 업무수행체계

ILS는 무기체계의 전 수명주기 간에 걸쳐서 주장비와 통합하여 체계적으로 관리 유지되어야 한다. 왜냐하면 무기체계의 개발 및 획득시 ILS 관리요소가 고려되지 않은 경우에는 무기체계의 성능발휘 및 운영유지에 많은 어려움을 겪게 되기 때문이다. 따라서 ILS 관리요소는 〈그림 2-1〉에서 보는 바와 같이 무기체계 전 수명주기 간에 걸쳐 지속적으로 반영되고 환류(Feed-Back)되는 '종합체계관리'(Total System Management) 하에서 이루어지고 있다.

그것은 무기체계 획득시 주장비와 전력화 지원요소인 군사교리, 부대편성, 교육훈련, 시설 및 무기체계의 상호운용에 필요한 하드웨어 및 소프트웨어 등의 전투발전요소와 효율적이고 경제적인 군수지원보장을 위

---

35) 기술자료묶음(TDP : Technical Data Package)이란 군에 소요되는 장비의 품목 및 용역에 대한 기술적인 특성 및 필수사항을 제작·생산 및 조달에 적합하도록 완전하고 명확하게 묘사한 기술자료로서 규격서·도면·소프트웨어(소스코드 포함) 기술자료·품질보증요구서(QAR : Quality Assurance Requirement)·자료목록 등이 포함된다. 국방부, 「기술교범 국방 규격서」(서울 : 국방부, 2002), p.용어-4.

한 종합군수지원(ILS)의 제요소를 유기적으로 동시에 균형 발전시키기 위하여 이들과 관련되는 모든 사항을 종합적으로 관리하는 활동이다.[36]

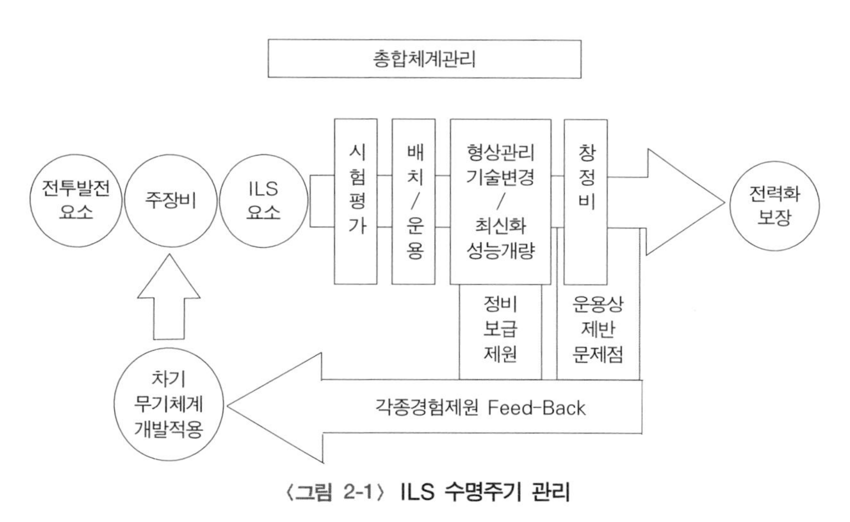

〈그림 2-1〉 ILS 수명주기 관리

출처 : 육군 교육사령부, 「종합군수지원 업무편람」(대전 : 육군교육사령부, 2002), p.10.

36) 육군종합군수학교, 「종합군수지원」(대전 : 육군종합군수학교, 2007), p.13.

제3장

종합군수지원 사례연구 : 창정비 요소 개발 프로세스 고찰

제1절 ILS 요소 개발절차

종합군수지원(ILS) 업무의 구체적인 요소개발 절차는 무기체계 개발 단계에 따라 '계획수립', '군수지원분석'(LSA) 활동, 'ILS 요소개발' 및 '시험평가'로 크게 구분할 수 있다. 〈그림 3-1〉은 이러한 개발 절차를 나타낸 것이다.

첫째, 계획수립 활동으로 개발 무기체계에 대한 임무형태, 운용소요 등을 결정하기 위한 운용연구와 무기체계에 요구되는 요구사항 및 개발 목표치가 정의되는 작전운용성능(ROC)[37] 수립 및 종합군수지원계획

37) 작전운용성능(ROC)은 군사전략목표 달성을 위해 획득이 요구되는 무기체계의 운용개념을 충족시킬 수 있는 성능수준과 무기체계 능력을 제시하는 것으로 주요 작전운용성능과 기술적/부수적 운용성능으로 구분되며, 이는 연구개발 또는 국외도입 무기체계 획득을 위한 시험평가 기준으로 작용하게 된다.

서(ILS-P)[38] 수립 순으로 수행된다. 체계개발 이전에 수행되는 운용연구(use study)는 운용형태종합/임무유형(OMS/MP : Operational Mode Summary/Mission Profile)[39]을 결정하기 위한 활동으로 운용 중인 무기체계 중 개발하고자 하는 무기체계와 가장 유사한 체계를 기준으로 대안분석을 수행하고 신규개발 무기체계에 대한 소요와 임무를 반영하여 수행되며, 운용연구 결과는 ROC에 포함된다. 또한 비교 분석 결과로 개발에 적용할 수 있는 기존의 기술 및 자원을 결정하고 새롭게 적용할 신기술의 적용 가능성 및 위험도를 평가하여 적용 여부를 결정하게 된다. 만약 적당한 비교체계가 없을 경우 여러 무기체계를 대상으로 가장 근사한 체계를 선별하여 종합함으로써 가상의 비교체계를 만들어 적용할 수 있다. 이러한 ILS 개발 계획은 운용소요와 ROC를 기준으로 이를 실현하기 위해 소요되는 인적·물적 자원과 주요 의사결정점(milestone), 개발 결과를 제시할 산출물 등이 포함된다.

38) 종합군수지원계획서(ILS-P)는 종합군수지원 업무수행과 체계적인 관리를 위한 계획문서로서 종합군수지원요소, 획득단계별 달성해야할 업무, 주관 및 관련부서별 임무, 임무달성을 위한 세부 일정계획과 예산, 시험평가 및 군수지원분석 계획 등이 포함된다.

39) 운용형태종합/임무유형(OMS/MP : Operational Mode Summary/Mission Profile). OMS란 작전운용형태 종합을 의미하는 용어로서 전·평시 예상되는 전투시나리오를 충족시키기 위한 무기운용시간 및 개념을 설정하는 것을 말하며, OMS의 작성목적은 전시에는 작전계획, 평시에는 부대훈련을 위한 무기체계 설계에 대한 목표와 기준을 제시하는데 있다. MP란 임무유형을 의미하는 용어로서 어떤 특정임무를 수행하기 위해 사격, 기동, 통신, 생존 등 각 임무유형에 따라 해당 무기체계가 가지고 있는 기능별 성능발휘 시간 및 횟수를 설정해 놓은 것을 말하며, MP의 작성목적은 무기체계 설계 및 ILS요소 개발 시에 반영하는 데 있다. 이경재, 앞의 책, pp.130-131.

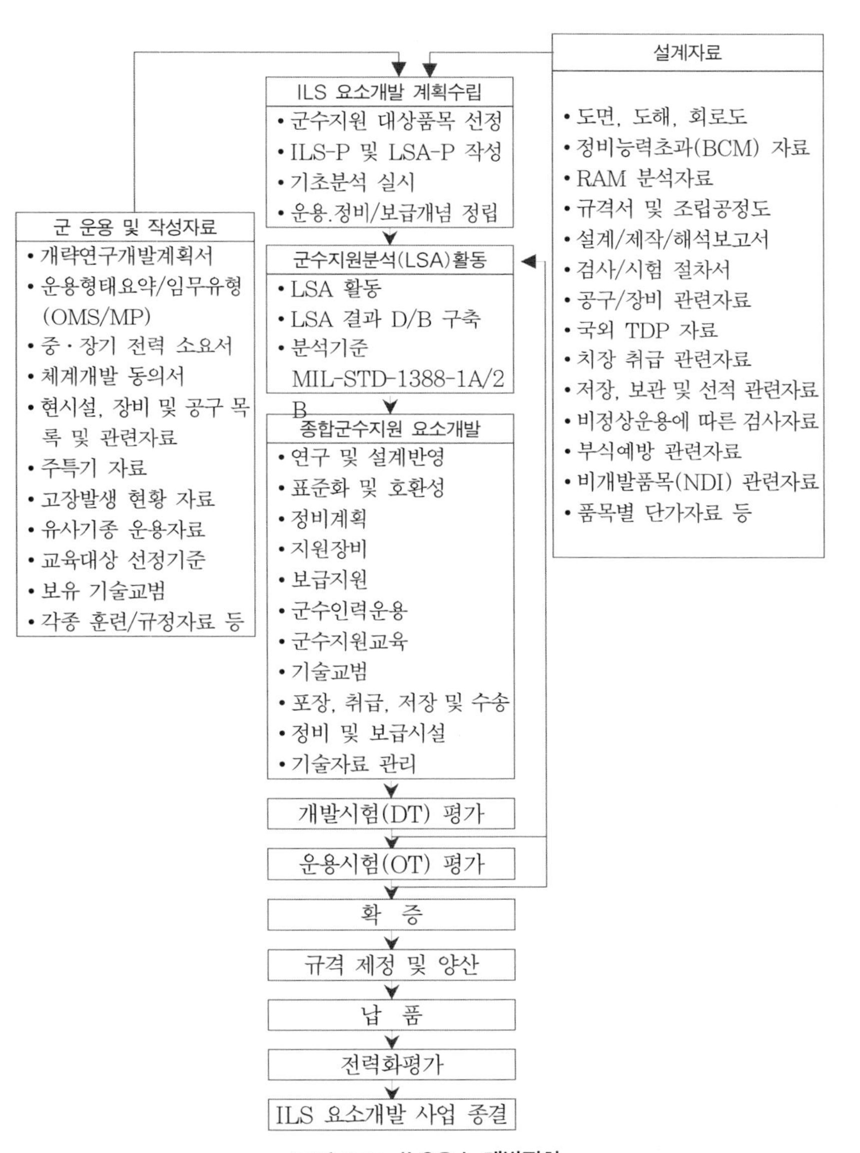

〈그림 3-1〉 ILS요소 개발절차

출처 : 육군본부, 「종합군수지원 개발 업무지침서」(대전 : 육군본부, 2005), p.28.

둘째, LSA 활동은 설계시 정비성 및 군수지원성 검토, 평가와 군수지원 대안 수립 및 대안별 평가, 정비업무분석의 순서로 수행된다. 즉 설계 과정에서 고려되는 여러 설계개념에 대해 정비성 및 군수지원성을 검토하여, 설계개념을 결정할 때 이를 반영되도록 한다. 결정된 설계개념에 대해 가능한 모든 군수지원 개념을 고려하여 군수지원 대안을 수립하고 가용성과 경제성을 고려하여 최적의 군수지원개념을 결정한다. 정비업무분석은 무기체계 운용에 소요되는 모든 예방정비 및 고장정비에 대해 정비업무별 보급・지원장비 소요, 인력 및 교육훈련 소요, 시설 소요 등 지원요소의 소요를 도출하는 업무이다. 최적의 예방정비 업무 형태와 업무주기를 결정하기 위해 신뢰도중심정비(RCM)[40] 분석을 수행하며, 고장정비업무의 도출은 고장유형영향/치명도분석(FMECA)[41]의 결과를 이용한다. LSA 결과는 군수지원요소의 소요에 직접적인 영향을 미치기 때문에 공정간검토(IPR)[42] 및 군수제원점검(LDC)회의[43]을 통해

---

40) 신뢰도중심정비(RCM : Reliability Centered Maintenance) 업무분석은 정비대상품의 고장유형영향 및 치명도분석의 결과와 과거의 운용경험자료를 기초로 고장예방을 위한 예방정비업무의 필요성과 적합성을 논리적으로 결정하는 방법이며 선정된 업무의 최적소요를 분석하는 과정이다. 미국은 모든 무기체계 및 장비에 대한 정비계획분석과 예방정비 계획수립에 필수적으로 적용하도록 MIL-STD-2173, RCM Require- ments for Naval Aircraft, Weapon System & Support Equipment에 규정하고 있으며 우리 군은 연구개발사업에 적용하고 있다.

41) 고장유형영향 및 치명도분석(FMECA : Failure Modes and Effects and Criticality Analysis)은 분석대상 품목이 가질 수 있는 모든 고장유형 식별 및 식별된 고장유형에 대한 원인과 고장이 체계운용에 미치는 영향을 분석하여 신뢰도 중심정비(RCM), 정비기능별 소요업무를 분석하고 도출된 잠재적 고장유형에 대한 치명도를 분석하여 정비수준 및 정비계단선정에 반영하는 것이며 이들 내용을 정량화 하고 그 결과를 설계에 환류(Feedback)시켜 치명고장으로 인한 임무제한(실패)과 인명 및 비용 손실을 극소화 시키기 위한 과학적 기법이다.

42) 공정간검토(IPR : In-Process Review)는 수집된 자료를 이용하여 군수지원분석자가 군수지원 개념을 적용하여 만든 군수지원분석을 위한 관리번호체계와 생산을 위한

소요군으로 부터 군의 정비·보급지원 능력 및 체계, 운용 환경 등에 적합한지 그 여부를 확인한다.

셋째, ILS 요소개발은 정비업무분석의 결과로 결정된 공통 및 신규 군수지원요소의 소요에 대하여 요소별 개발활동을 수행한다. 보급지원 요소는 보급제원 작성, 보급품목록 작성, 동시조달수리부속(CSP) 소요 산출, 보급지원체계 수립 등이 포함되며, 지원장비는 지원장비 후보 목록작성, 지원장비 추천자료작성, 신규 장비/공구 개발, 지원장비, 기술자료묶음(TDP) 획득 및 개발 등을 포함한다. 포장, 취급, 저장 및 수송은 지원장비를 포함한 보급품에 대한 포장제원표 작성 및 포장용기 개발, 위험 물자에 대한 취급절차, 저장 절차 등이며, 인력운용은 정비단계별 주특기별 소요인원 및 인시 산출, 신규/수정 주특기에 대해 소요되는 교육 계획서 및 교안, 교보재, 훈련장비 등이고, 시설소요는 신규/개조되는 시설소요에 대한 시설 기준서 및 시설 배치도를 작성하는 것이다. 또한 기술제원은 보급품목에 대한 보급교범, 사용자교범, 정비교범, 그 외에 주 장비 운용에 필요한 정보를 가지고 있는 각종 기술자료의 개발이 포함된다.

부품의 분해도와 도면분석결과를 기준으로 구성품에 대한 조립특성 및 정비특성 판단이 가능하도록 GBL 및 도면분석목록을 작성하고, RCM 결과에 따라 정비성에 대한 설계반영검토와 고장정비 및 예방정비를 위한 재설계 의견반영, 신뢰도 요약자료 분석과 정비계단선정 자료를 이용하여 SMR 코드 초기할당 등 정비업무를 분석하는 중간검토를 말한다.

43) 군수제원점검(LDC : Logistic Data Check)회의는 소요군 및 관련기관과 합동으로 작성된 분석자료 및 군수지원요소에 대하여 군수지원요소 및 지원성 관련 설계요소에 필요한 지원능력상의 문제가 포함되며, 평가결과에 따라 군수지원입력자료와 출력자료에 포함되는 내용, 문서화된 지원계획과 군수지원 소요를 최신화 시키는 활동 회의이다.

넷째, 시험평가는 ILS 요소개발 결과가 체계개발동의서(LOA)[44] 상의 기술적/부수적 성능에 명시된 ILS 요구사항을 충족시키는 여부를 '검증'(verification)/'확인'(validation)하는 업무이다. 이는 개발기관이 중심이 되어 자체 수행하는 개발시험(DT) 평가와 소요군이 평가자의 위치에서 수행하는 운용시험(OT) 평가가 있다. 시험평가의 수행은 먼저 시험평가 계획 수립을 통해 평가항목 및 평가기준, 평가결과의 구분 및 조치 계획, 평가 일정, 소요 장비 및 물자, 인원 등을 사전에 정의한 후에 개발자료에 대한 이론 및 실기 평가를 수행하여 평가 결과에 대하여 시험평가 결과보고서를 작성한다. 이러한 시험평가를 공정하고 효과적으로 수행하기 위해서는 구체적이고 명확한 평가기준 및 계획 수립이 필요하며, 시험평가 결과보고서와 평가 결과 미흡사항에 대한 개발기관의 수정계획서 등 후속조치를 확인하는 활동으로 무기체계 개발의 성공 여부가 결정된다.

ILS 요소개발에 따른 주요 검토활동, 문서 등의 획득단계별 ILS 업무수행 체계는 〈그림 3-2〉와 같다.

44) 체계개발동의서(LOA : Letter Of Agreement)는 무기체계 연구개발 사업에 대하여 체계개발 착수에 앞서 무기체계 운용을 책임진 기관 또는 부서와 개발기관이 합의하여 운용개념 및 요구제원, 성능, 소요시기, 기술적 접근방법, 개발 일정계획, 전력화지원요소와 비용분석 등에 관하여 공동으로 작성하고 서명하는 문서이다.

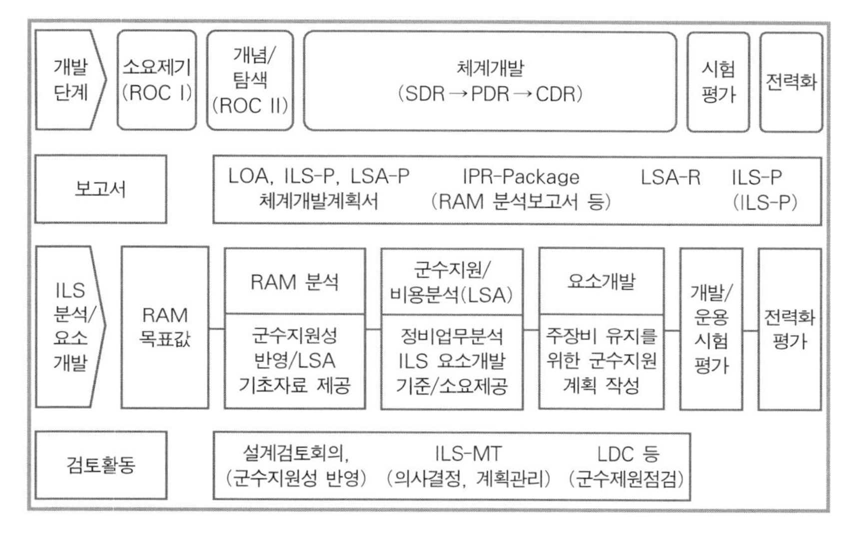

〈그림 3-2〉 **획득단계별 ILS업무 수행절차**

출처 : 육군군수사령부, 「종합군수지원 실무지침서」(부산 : 육군군수사령부, 2006), p.99.

보충설명

종합군수지원(ILS) 시험평가

ILS 개발시험평가와 운용시험평가는 자료평가, 실기평가(실용성 확증)로 구분하여 실시하며, ILS 시험평가에 필요한 대상 장비 및 기술 자료는 다음과 같다.

- 주장비 시제품
- 이동정비장비/훈련장비/특수공구 시제품/전자식교범 시제품
- ILS-P/LSA-P(안)
- 기술교범(예비초안)
- LSA/RAM 분석 결과보고서
- 요소별 지원소요 분석서

1. 자료평가

자료의 통합성, 활용성, 적절성 측면에서 ILS-P, RAM 분석자료, 군수지원분석(LSA)자료, 기술교범, 지원요소 분석 결과 등을 확인하는 것으로, LSA 입력자료, 출력자료, 기술교범 및 기타 자료를 상호 중복점검 및 일치성 여부를 확인하며, 정비 및 보급 분야와의 연계성을 다음과 같이 평가한다.

□ 평가중점

- 작전운용성능(ROC)의 충족도
- 작전운용성능(ROC) 대비 개발 시제품에 대한 기술적 접근도
- ILS 11대 요소개발 결과를 시제장비 제작에 적용한 현황
- 군수지원분석 절차의 타당성 및 충실도
- 군수지원분석 내용이 군수지원분석 자료처리체계(LOADERS)의 입력자료 반영 여부
- ILS요소 개발에 LSA 입력자료 및 출력보고서의 내용 일치 여부
- "기술교범 국방규격서"에 의거 기술교범 작성 여부 확인

- 개발시험평가 결과 미비점 시정 여부 확인
- RAM 제원의 LOADERS 연계 반영여부 확인

□ 평가절차
- LCN F/T, 정비할당표, IPR Package 등 자료 준비
- 평가대상 IPR Package 선택
- LCN F/T, GBL, 분석 도면으로부터 전체 고장 유형 확인(품명 상호 비교)
- 각 고장유형에 대한 FMECA, RCM, 정비계단 선정 자료 작성 여부 확인
- RCM 결과 예방정비 사항을 포함하여 전체 정비 업무를 RAM Matrix를 통해 확인
- 확인된 전체 정비업무의 정비할당표 및 정비교범에의 포함여부 확인
- FMECA, RCM, RAM, Matrix, 정비계단 선정 자료등의 세부 작성 자료의 정확성 검토
- 점검대상품목의 LSA 입력 현황 검토
- 분석내용의 기술교범 반영 여부 검토
- 출력보고서와 기술교범과의 일치성 검토(LSA 보고서와 기술교범의 해당 부분 상호 비교 검토)
- 기술교범 국방규격서에 따른 교범 양식 검토

---

2. 실기평가

정비절차의 타당성 및 소요의 신뢰성을 지원장비 운용을 통해 주장비의 분해/결합, 기술교범과 정비장비, 특수공구 등의 적합성을 확인하는 것으로, 주장비의 정비용이성, 정비/지원장비 소요의 타당성, 기능 만족성에 대하여 정비시범을 통해 평가하며, 관련 기술교범의 정확성을 다음과 같이 평가한다.

□ 평가중점
- 정비시범을 통한 부대/야전 정비절차 및 고장배제 절차 확인
- 정비용 지원장비 운용절차 및 일반/특수공구 적절성 확인
- 전자식 기술교범의 정확성 및 정비장비와의 연동 신뢰성 확인
- 보급 도해/목록 실기 평가시 병행 확인
- 개발시험평가 결과 미비점 시정 여부 확인

□ 평가절차
- 주장비, 정비/지원장비, 특수공구 및 일반공구 관련 기술교범 준비
- 주장비 정비시범을 통한 부대/야전 정비절차 및 고장배제 절차확인
- 주장비 분해/조립 시범을 통하여 정비용이성 평가 및 기술교범에 기술된 정비 절차와 운용성을 평가
- 해당 장비항목에 대하여 책자형 교범과 전자식 기술교범으로 실시한 결과를 비교
- 특수공구 시제품 적용성 검토와 특수공구 사용설명서 기술내용 확인은 정비절차와 병행하여 확인
- 고장배제절차 평가
  1. 부대/야전 정비교범의 고장배제절차 분야에 대하여 장비별로 자료 검토와 고장징후별 점검 절차에 따라 실기 평가
  2. 고장징후 선정의 타당성을 확인하기 위한 자료 검토는 장비별 기능, 고장유형 및 원인을 회로도로 확인하고 고장배제 절차의 타당성은 접근성과 고장률을 고려하여 평가
  3. 준비 가능한 모의 고장을 유발시켜 고장징후를 확인하고, 고장 징후별 고장 배제 절차 논리도에 따라 고장위치를 탐지하여 결함을 해결하는 방법으로 평가
  4. 지원장비 시제품 적용성 검사와 기술교범 내용 확인은 고장배제 절차와 병행하여 확인

3. 시험평가 세부 평가요소

ILS 요소별 시험평가 세부평가 요소는 다음과 같다.

구 분	세 부 내 용
연구 및 설계반영	• 장비설계 개념과 요구사항과의 일치성
	• 군수지원의 용이성, 지속성 및 운영유지비의 최소화 반영 여부 • 정비지원/보급지원 등 지원소요의 최소화 반영 여부
	• 인체공학적 영향 요소 고려 여부
표준화 및 호환성	• 표준화 여부/계획
	• 국방규격화 여부/계획(시기, 예산반영 여부 등)
	• 수리부속, 특수공구, 지원장비 등의 호환성

구 분	세 부 내 용
정비계획	• 정비업무량 추정 및 분석
	• 정비개념/정비목표 설정의 적절성
	• 정비계단 설정 및 정비지원 책임 설정의 적절성
	• 현 정비지원체계의 정비 가능성 및 추가 소요
	• M/F 장비 산정의 적절성
	• 장비별 자체 진단기능의 적절성
	• 정비할당표의 적절성
	• 군수관리 기능 분류 및 지원 책임
	• 하자보증 및 사후관리지원 계획의 적절성
	• 창정비 개발계획의 적절성
지원장비	• 지원장비 획득계획의 적절성 - 주장비 운영에 소요되는 보조장비 - 정밀측정장비, 계측기, 교정 및 시험/검사장비 등 - 유류 및 탄약 등 지원을 위한 취급장비
	• 주장비 운용 및 지원시설 지원장비 확보 계획 적절성
보급지원	• 보급지원체계 및 지원 절차의 적절성
	• 지속적인 보급지원 기간 및 대책의 적절성
	• 제대별 초도 보급품 지급 기준 설정의 적절성
	• CSP, 규정 휴대량(PL), 공구 등에 대한 획득 계획의 적절성
	• 유류(연료유, 윤활유) 및 탄약 획득계획의 적절성
	• 소요 미발생 품목에 대한 조치계획(재판매/물물교환)
군수 인력운용	• 인력획득 계획의 적절성(기술 특기별 소요 인력) - 운용 요원 - 정비지원 요원 - 보급지원 요원 - 교관 요원 - 시험평가 요원
군수	• 특수기술 및 위험한 기술에 대한 인력 소요

구 분	세 부 내 용
군수 지원교육	• 소요 인력의 편제반영 및 충원계획의 적절성
	• 교육훈련을 위한 교육장비/물자/교보재 획득 계획
	• 학교 교육 반영 계획의 적절성
기술교범	• 기술교범 확보 및 배부 계획의 적절성
	• 기술교범 번역 및 감수 계획의 적절성
	• 기술자료 묶음(TDP) 확보 및 배부 계획의 적절성
포장,취급 저장 및 수송	• 포장방법의 적절성 - 물리적, 화학적 손상방지 대책 - 포장기준 설정의 적절성
	• 취급의 용이성 및 안전성
	• 저장방법의 적절성 - 물리적, 화학적 손상방지 대책 - 저장시 적재높이, 공간 및 저장방법
	• 수송방법의 적절성 및 안전대책
정비 및 보급 시설	• 기존 시설의 활용 가능성, 개조 및 개량 소요
	• 추가 소요 및 확보 계획의 적절성 - 부대시설 및 편의시설 - 정비지원 시설 - 저장 시설 - 교육훈련 시설 - 지원시설의 환경장비 - 비품 확보 계획
기술자료 관리	• 전산체계 구성 및 HW 소요 및 획득계획의 적절성 - ILS 업무수행 전산체계 및 구성 - 관련 부서 및 기관의 전산장비
	• 무기체계 SW 및 기술분석 자료 - 수명주기 비용분석 및 SW 및 자료 - 운영유지 자료(보급, 정비관리) - 군수지원분석(LSA) SW 및 관련 자료

출처 : 방위사업청, 「시험평가 업무 관리지침서」(서울 : 방위사업청, 2006), pp.240-245.

제2절 체계공학적 ILS 분석 기법

1. RAM 분석

1) RAM 정의

RAM이란 '신뢰도'(Reliability), '가용도'(Availability), 그리고 '정비도'(Maintainability)의 총칭으로 요소별 예측 및 분석활동을 통하여 시스템의 설계지원・평가, 설계개선・대안도출 및 군수지원분석(LSA : Logistics Support Analysis) 등을 지원하는 것이며 무기체계 및 장비의 고장빈도, 정비업무량, 전투준비태세 등을 나타내는 척도로 사용되고 있다.[45] RAM은 신뢰도 업무를 통해서 결함발생 시기를 예측하고, 정비도 업무를 통해서 고장발생시 복구성을 평가하며, 가용도를 통해 전투준비태세를 평가한다. 즉 체계 신뢰성을 증대시키고 수명주기비용을 절감하는 것이 RAM의 핵심인 것이다. 또한 RAM은 응용하는 대상에 따라 서로 다른 의미를 부여하고 있다. 체계를 설계하는 설계자에게 RAM은 무기체계 및 장비의 품질, 설계형상, 기술 및 공학적 관리와 관련된 기술적 문제로서 이를 통해 설계기준 및 개선대안을 평가하는데 활용하고, ILS업무 수행자에게는 인력, 수리부속 및 지원장비 등의 군수지원과 지원업무를 배분하는 척도로 활용될 수 있다. 획득단계의 군수지원은 RAM을 활용하여 군수지원 요소별 소요를 판단하고 획득이후 운영유지비를 예측할 수 있다. 이와 같이 RAM은 무기체계 획득에 있어 획득관련 이해관계자들 모두에게 대단히 중요한 부분인 것이다.

---

45) 육군군수사령부, 「종합군수지원 실무지침서」, p.340.

2) RAM 분석의 필요성

RAM 분석이 무기체계 획득단계에서 중요한 이유는 크게 세 가지다.

첫째, 높은 신뢰도를 가진 무기체계를 야전에 배치하여 불 가동 시간을 최소화함으로써 전투준비태세를 향상시킬 수 있다. 정비단계별로 RAM 요소값의 정확한 산출을 통하여 예비부품, 수리부속품 등의 정비 및 보급소요에 대해 사전준비를 가능하게 한다. 또한 정비의 효율성을 증가시킬 뿐만 아니라 고장을 미연에 방지할 수 있으므로 시스템의 성능을 향상시키고 예방정비를 통하여 각종 사고를 사전에 예방할 수 있다.

둘째, RAM 분석을 통하여 수명주기비용을 절감함으로써 효과성과 경제성을 보장할 수 있다. RAM 분석은 장비의 설계 및 시험비용이 더 소요될 수 있으나 군수지원 능력의 향상을 통하여 시스템의 운용 및 지원비용을 감소할 수 있으므로 수명주기비용 측면에서 절감효과를 기대할 수 있다.

셋째, 획득단계 의사결정 대안의 근거를 제공할 수 있다. 대안별로 RAM 분석을 통하여 정량적 근거에 의한 의사결정이 이루어질 수 있다.[46]

3) RAM 업무 체계

RAM 업무는 무기체계의 소요 확정 후 체계개발 착수시 운용요구능력 및 정비 · 보급 환경 분석을 토대로 RAM 목표값을 설정하고, 체계/부품 구조정보형성(WBS/LCN/GBL 등), RAM 할당/예측, 고장정의/판단기준(FD/SC : Failure Definition/Scoring Criteria) 설정, 고장유

46) 육군본부, 「효율적인 ILS 개발을 위한 세미나」(전력단, 2005년), p.92.

형영향 및 치명도분석(FMECA : Failure Modes Effects & Criticality Analysis)/고장계통분석(FTA : Failure Tree Analysis) 순으로 이루어지며 고장유형영향분석(FMEA)과 고장계통분석(FTA)을 비교하면 〈표 3-1〉과 같다.

〈표 3-1〉 FMEA 와 FTA 기법 비교

구 분	FMEA	FTA
목적	부품의 고장유형이 시스템이나 장치에 어떤 영향을 주는가를 평가	시스템이나 장치에 발생하는 고장, 결함의 원인을 논리적으로 규명
해석 방법	부품의 고장유형을 검토하여 그러한 고장이 발생하면 시스템이나 사용자에 어떤 영향을 주는가를 분석하고 해결대책을 마련(Bottom-Up 방식)	정상사건을 일으키는 원인(기본사건)을 파악하며 논리기호를 이용한 고장계통을 작성하고 고장의 근본원인을 제거할 수 있는 대책을 마련(Top-Down 방식)
입력 자료	시스템이나 장치구성, 동작, 조종에 관련된 자료, 신뢰도 블록선도, 고장유형 등	시스템 장치 동작이나 운행에 관련된 자료시스템의 결함, 기본사건, 비전개 사건의 확률
출력	FMEA 양식	고장계통도, 정상사건의 확률
특징	• 하드웨어나 단일 고장분석에 용이 • 부품고장에 대한 검토가능 • 장치나 시스템 고장의 사전조사 가능 • 효과적인 설계변경 가능	• 정상사건이 발생하는 메커니즘 규명 • 시스템의 신뢰도 블록선도 사용가능
논리	귀납적 접근	연역적 접근

출처 : 방위사업청, 「군수지원분석 Guide Book」(서울 : 방위사업청, 2006), p.34.

- 고장정의/판단기준(FD/SC) : 무기체계에 영향을 미치는 고장을 정의 및 식별하고 판단기준을 설정하는 활동
- 고장유형영향 및 치명도 분석(FMECA) : 무기체계에 발생할 수 있는 고장의 유형을

정의하고 영향을 식별하며 장비 및 사용자에 미치는 치명적인 결과를 정성적/정량적 으로 분석하는 기법으로서 MIL-STD-1629A을 기준으로 분석한다.

- 고장계통분석(FTA) : 무기체계 수준에서 요구되지 않는 고장, 사고 등을 발생시킬 수 있는 오류를 결정하기 위한 기법

RAM 목표값은 작전운용성능(ROC : Required Operational Capability) 조건을 충족할 수 있도록 설정되어야 하며, 체계/부품 구조정보 형성 후에 장치별도 할당하며 RAM 분석 적용 프로그램(Relex 등)을 활용하여 신뢰도, 정비도, 가용도 형태로 산출한다. 생성된 RAM 분석 자료는 주장비 설계공정으로 피드백되어 설계개선 업무에 반영되며, 최적화된 최종 RAM 분석결과는 군수지원분석(LSA : Logistics Support Analysis)의 기초 입력 자료가 되어 제반 ILS 요소 생성의 근거자료로 활용된다.[47]

47) 방위사업청, 「종합군수지원 개발세미나」(2006년), p.49.

보충설명

무기체계 RAM지표

무기체계의 신뢰도(Reliability), 가용도(Availability), 정비도(Maintainability)를 의미하는 RAM지표는 무기체계의 전투준비태세(readiness and sustainability)를 종합적으로 표시하는 대표적인 무기체계의 성과지표라고 할 수 있다. RAM지표의 정의는, 쉽게 말해서, 신뢰도(Reliability)는 새로 배치된 또는 정비를 끝낸 무기체계가 앞으로 고장 없이 임무를 수행할 수 있는 시간(Time-To-Failure)을 또는 주어진 시간 동안 고장 없이 기능을 발휘할 확률을 의미하며, 정비도(Maintainability)는 고장 발생시 수리가 완료될 때까지의 시간(Repair Time)에 대한 측정지표이며, 가용도는 임의의 시점에 무기체계가 본래의 기능을 발휘할 수 있는 확률을 측정하는 지표이다.

무기체계 RAM성과 지표 중 가중 중요한 지표는 평시 군수관리 측면에서는 운용가용도(operational availability)이며, 전시 작전 측면에서는 무기체계의 가용도 보다는 신뢰도(특히 임무신뢰도)가 보다 중요하다.

정비지원체제의 효율성을 평가하는 가장 대표적인 지표는 전・평시 공히 고장발생에서부터 수리가 완료되어 부대에 복귀할 때까지의 소요시간을 측정하는 수리순환주기(RCT : Repair Cycle Time)이다. 이것은 단순히 정비를 시작해서 정비완료까지의 시간을 측정하는 현행 수리시간(Time to Repair)을 사용자 입장에서 정비 소요 발생에서 부대 복귀까지의 시간으로 확대한 것이다. 이것은 보급성과지표로 중요하게 다루어지는 고객(사용자) 대기시간(CWT : Customer Waiting Time)과 유사한 개념이다. 수리순환주기(RCT)는 완성장비 뿐만 아니라 수리가능(복구성) 품목(reparable item) 재생의 효율성을 측정하는 중요한 성과지표이다. 복구성 품목의 수리순환주기는 복구성품목의 보급수준(R/O) 산정과 신품 조달소요 판단에 활용된다. 이외의 무기체계(완성장비) 및 유지부품의 RAM 지표에 대한 정의, 산출방법 및 활용도는 〈표 3-2〉와 같다.

1. 보급지원(수리부속) 성과지표

수리부속의 보급체제를 「소요→예산→획득→보급→소모」의 일련의 과정으로 볼 때, 보급관리 성과지표는 첫째, 소요에서 획득까지의 과정을 평가하는 소요·조달 적중률과, 둘째, 보급에서 소모까지의 과정을 평가하는 보급성과지표로 나눌 수 있다.

소요·조달 적중률은 전년도 수요 예측치와 해당 년도 실제 수요량을 비교하여 소요의 정확도를 판단하는 소요 적중률과 조달계획 대비 조달실적을 평가하는 조달 적중률로 나눌 수 있으며 세부 내용은 〈표 3-3〉과 같다.

〈표 3-2〉 무기체계 및 수리부속 RAM지표

지 표	산출공식	지표의 용도
고장간 평균운용량 (MTBF, MMBF)	총운용량(km, 시간)÷ 총고장횟수	• 신뢰도 판단의 기본지표
정비활동간 평균 운용량(MTBMA)	총운용량(km, 시간)÷ 총정비횟수	• 전체정비부담(workload)판단
장비D/L간 평균 운용량(MTBDL)	총운용량(km, 시간)÷ 총D/L횟수	• MTBMA와 함께 장비운용에 따른 신뢰도 및 가용도 측면에서 완성장비의 성능평가
주요부품 교환간 평균운용량 (MTBEPR)	총운용량(km, 시간)÷ 총D/L부품(비용, 수량)	• 완성장비 및 구성품 설계·제작의 효율성(비용대 효과)평가
평균수리시간 (MTTR)	총실정비 시간÷ 고장수리횟수	• 정비도 판단의 기본지표 • 정비부대의 기술능력평가
정비율 (Maintenance Rate)	총정비인시÷ 총운용량(km, 시간)	• MTTR과 함께 정비지원 능력의 종합적 평가와 정비업무량 판단에 활용
정비대기 (부속·검사 정비대기)	(정비대기 원인별 총정비지연시간)÷ 정비대기발생횟수	• 수리부속 보급능력 평가 • 정비인력 및 정비장비 관리능력 및 부족 여부평가

〈표 3-3〉 소요적중률 및 조달적중률 지표

성과지표	세부지표	내 용
소요 적중률	품목 적중률	수요발생 예측 품목 중 실수요 발생 품목 비율
	수량 적중률	수요 예측 품목들에 대한 수요 예측 정확도
조달 적중률	수량 적중률	계획된 조달물량 대비 실 조달량의 비율
	기간 적중률	사용군 요구 기간 충족도
	단가 적중률	계획 단가 대비 실제 조달단가 비율

수리부속 보급성과지표는 수리부속의 사용자인 장비운용부대(편성부대)와 장비정비부대(사단 및 군지사 정비대대의 정비중대급)의 수요에 군의 보급체계가 얼마나 신속하게 대응하였는가를 평가하는 지표로 고객대기시간(Customer Waiting Time)이 가장 사용자에 근접하여 보급지원 실적을 평가하는 성과지표이다. 이외에 보급지원성과를 평가하는 지표를 제대별로 보면 〈표 3-4〉와 같다

2. 효율성 지표

무기체계 운용(operation), 장비정비(maintenance) 및 수리부속 보급(supply)과 관련되어 비용 대 효과 분석 또는 자원관리체제의 효율성을 판단하기 위한 효율성 지표(efficiency measure)는 〈표 3-5〉와 같다.

〈표 3-4〉 수리부속 보급성과 지표

제 대	보급성과지표	
	임무긴요품목	비임무긴요품목
장비운용부대 (편성부대)	장비가용도 또는 D/L 일수, CWT, MTBF, 장비 운용량	CWT, MTBF, 장비상태
사단 · 함대 · 비행단	장비가용도, CWT, MTBF, 수리부속 대기시간, 직불조치율(수량기준), D/O 해소 소요 일수	CWT, MTBF, D/O 해소 소요 일수

군수사 · 군지사(단)	장비가용도, 수리부속 대기시간, 직불조치율(수량 기준), D/O 해소 일수, OST/PROLT, 소요 및 조달 적중률	직불조치율(수량기준), D/O 해소 소요 일수, OST/PROLT, 소요 적중률
보급시설	수송소요시간(행정시간+수송시간+수송대기시간+적 · 하화시간)	
정비창(외주 포함)	복구성 품목 수리순환주기, 복구성 품목 재생율	
방위사업청	PROLT, 조달적중율(조달요구 대 조달실적 : 기간, 물량, 단가, 품질)	

〈표 3-5〉 무기체계별 관련 효율성지표

기 능	제 대	효율성지표
보급	편성부대	장비운용량 당 장비유지비용(수리부속비, 유류비 등), 장비 가용도 대비 장비유지비(수리부속비, 정비비)
	사단 · 함대 · 비행단	장비 가용도 대비 장비유지비(수리부속비) 재고회전율(inventory turnover rate)
	군수사 · 군지사	장비 가용도 대비 장비유지비, 장비가 대비 장비유지비 비율, 정비효율
	방위사업청	전군 장비가용도 대 방위사업청 운영예산 장비 · 유지부품 조달단가 대 내구도(reliability)
정비	창, 야전	정비 효율, 재생비용 대 재생장비 · 구성품 수명, 수리가능 품목 재생율
수송	보급창	수송 금액 대비 수송비용(인건비+운송비+하역비) 수송시간 대 수송비용

3. 무기체계 성과 지표(종합)

무기체계 RAM 지표와 수리부속의 보급성과 지표, 그리고 비용을 고려한 효율성 지표를 대상 품목별로 요약하면 〈표 3-6〉과 같다.

〈표 3-6〉 **무기체계 관련 성과지표**

품목구분			주요성과지표(소요 · 비용 · 성과)
완성장비			• 완성장비 RAM 자료 • 정비 작업 또는 부품별 정비자원 소요(정비 M/H, 수리부속, 정비 등) → 정비작업 표준화 관리 및 효율적 정비 관리를 위한 정보 • 수리순환주기(repair cycle time) : 평균 및 분산 • 수리부속 폐기율 • 장비가용도 저하요인(정비작업, 수리부속, M/F장비) • 장비유지비(대당 유지비 및 운용거리 당 유지비:장비유지 비목별 · 지역별 유지비용 등) • 장비 획득가 대비 장비유지비 비율 • 장비재생비용 및 재생 장비 수명(평균 및 분산) • 장비 운용량(운행거리, 운용시간 등)
수리부속	소모성 품목		• 고장율 또는 교환주기 : 평균 · 분산, 수요분포 • 조달 단가 • OST/PROLT • 정비효율 • 고객대기시간(Customer Waiting Time)
	복구성 품목	신품	• 고장율 또는 교환주기(평균 · 분산, 수요분포) • 조달 단가 • OST/PROLT • 정비 효율 • 고객대기시간(Customer Waiting Time)
		재생품	• 수리순환주기(복구성 품목 교환 → 야전수집 → 후송 → 재생 · 수리 → 보급 계통 복귀) • 재생비용 • 재생율 · 폐기율 • 재생품 수명 : 평균 및 분산
정비장비			• 정비작업 또는 교환 부품별 정비장비 사용 실적 • 고장 진단 효율성 • 정비 장비 대기 시간
정비인력			• 정비사 숙련도 현황 및 기술 습득 소요 시간 • 정비 인력 대기 시간 • 고장 진단 및 정비 효율

출처 : 장기덕 · 김준식 · 최수동 · 이성윤, 「군수혁신 : 선진화를 위한 도전과 과제」(서울 : 국방연구원, 2005), pp.135-139.

2. 군수지원분석(LSA)

1) 군수지원분석 개념

'군수지원분석'(LSA : Logistics Support Analysis)은 무기체계 전수명주기에 있어 주장비와 지원체계의 군수지원 요소를 확인·정의·분석·정량화하는 체계적인 활동이다. 획득 단계별로 주 장비와 지원체계를 결정하는데 필요한 정보를 제공하며, 해당 무기체계의 운용유지비용을 최적화시키는 동시에 무기체계 운용시 지속적인 군수지원이 이루어질 수 있도록 보장하는 ILS 요소개발 업무의 실제적인 활동이라 할 수 있다.[48] LSA는 4가지 목표 즉 ① LSA 과정의 결과를 설계에 영향을 줄 수 있도록 하는 것으로 지원성 요구사항이 설계에 반영되어 지원이 용이한 무기체계를 만드는 방법을 식별하기 위하여 LSA를 사용, ② 초기 설계과정에서 지원비용을 유발하는 품목과 지원문제를 식별하여 이러한 문제점을 제거하거나 수정, ③ 전수명주기 동안 체계장비를 지원하기 위해 요구되는 전체적인 지원 자원을 개발, ④ 분석자료를 단일데이터베이스(Single Database)를 구축[49]하여 사용할 수 있도록 개발되었다.

LSA는 무기체계 획득 전 단계에 걸쳐 반복적으로 수행하여 장비 설계에 영향을 미치게 된다. 최적화된 장비설계로 인해 군수지원의 필요성을 최소화하고 배치 및 운용시 필요한 군수지원 요소를 식별하며 이를 규격화하는데 그 업무의 중점이 있다. 이러한 LSA는 무기체계 획득기간

---

48) 육군군수사령부, 「종합군수지원 실무지침서」, p.335.

49) James V. Jones. *Inergated Logistics Support Handbook,* Second Edition(삼성탈레스 역, 2004년) p.19.1.

동안 소요되는 군수지원 요소를 최신화하고 장비의 성능 및 효율을 높여 전투준비태세를 극대화하기 위한 분석업무이다. 이와 같은 LSA를 통해 지원체계의 요소를 분석, 평가함으로써 군수지원 소요의 최적화, 불가동 시간의 최소화, 지원 및 운용비용의 최소화, 지원체제(지원/시험장비)의 단순화를 달성할 수 있고 정비업무분석으로 군수지원요소의 식별, 개발 및 획득이 가능하게 한다.

2) LSA 업무 체계

LSA는 무기체계 소요제기 시부터 운용유지 및 폐기가 이루어 질 때까지 계속되며, 초기에는 공학적 추정을 통하여 각 획득 대안에 대한 정비업무별 및 군수지원 요소별 소요를 산출한다. 이들 소요는 무기체계 설계가 진전됨에 따라 더욱 세분화되고, 시험평가를 거쳐 보완하여 확정시키고 주장비 야전배치와 동시에 필요한 군수지원이 제공 되어야 한다. 또한 전력화평가 이후에는 야전운용 경험제원과 비교하여 제원 소요를 조정하며, 체계개발시 수행하였던 체계장비에에 대한 1~4계단 LSA를 최신화 하여 야전교범의 수정소요를 구체화 하며 창정비 요소 개발시에도 창정비 대상품목에 대한 LSA를 실시하고 창정비 요소 개발 소요를 도출한다.[50)]

---

50) ILS요소를 개발하기 위한 군수지원분석(LSA)은 체계개발 기간과 주장비의 야전운용 간에 창정비주기 도래를 고려한 창정비 요소개발 기간 중에 두 번을 실시하게 된다. 이렇게 실시하는 이유는 주장비 전력화이후 창정비주기 도래시까지의 기간(통상 창순환정비 주기로 무기체계별 내구도 등을 고려하여 다르게 적용하고 있으며 K9자주포, K1A1전차 등은 10년을 적용)에 따라 창정비요소를 조기 개발시 기술적 진부화와 주장비 성능개선 및 설계변경사항의 적기 반영제한, 조기개발 후 사장화에 따른 예산의 낭비 등을 고려하여 창정비 도래시점을 고려하여 개발하고 있다. 체계개발 기간에 실시하는 LSA는 주장비 설계 및 군수지원성의 반영, 주장비의 야전 운용 간에 지원해

LSA업무는 RAM 분석 결과 및 기술자료(도면, 유사장비 분석자료 등) 수집, 군수지원분석 대상품목 설정, 군수지원분석 통제번호(LCN)/기능그룹번호(FGC : Functional Group Code) 부여, 도면분석 등의 선행활동을 바탕으로 한 신뢰도중심정비(RCM : Reliability-Centered Maintenance) 분석, 근원정비복구성(SMR : Source Maintenance & Recoverability) 부호부여/정비계단분석(LORA Record) 출력 순으로 이루어진다. 동시조달수리부속(CSP)은 군수제원점검 이후 별도의 소프트웨어인 OASIS(Optimal Allocation of Spares Initial Support)를 이용하여 CSP를 산출한다. 〈그림 3-3〉은 MIL-STD-1388-1A를 기준으로 RAM분석과 연계한 군수지원분석 업무수행 절차를 나타낸 것이다.

- RCM 분석 : 정비대상 체계의 FMECA의 결과와 과거 운용 경험 자료를 기초로 고장예방을 위한 예방정비 업무의 필요성과 적합성을 논리적으로 결정하는 기법으로 MIL- STD-2173을 기준한다.
- SMR 부호 : 모든 개발품목에 대해 획득방법, 정비계단 선정, 복구/폐기 처리 한계를 5자리의 영문자로 표기한 부호로서, LSA 과정을 통해 산출되며 품목별 보급형태, 교환단계, 수리단계 및 수리가능여부, 폐기에 대한 정보를 수록

야할 ILS요소(1~4계단 정비장비, 공구, 야전교범, 규격/목록화, CSP, 예방정비 정비계획 등)개발을 위해 실시하고, 창정비 요소 개발 간에는 창정비 수행을 위한 ILS요소(5계단 기술교범(창정비작업요구서), 시험장비, 특수공구, 정비시설, 시제창정비 등)개발을 위해 LSA를 실시한다.

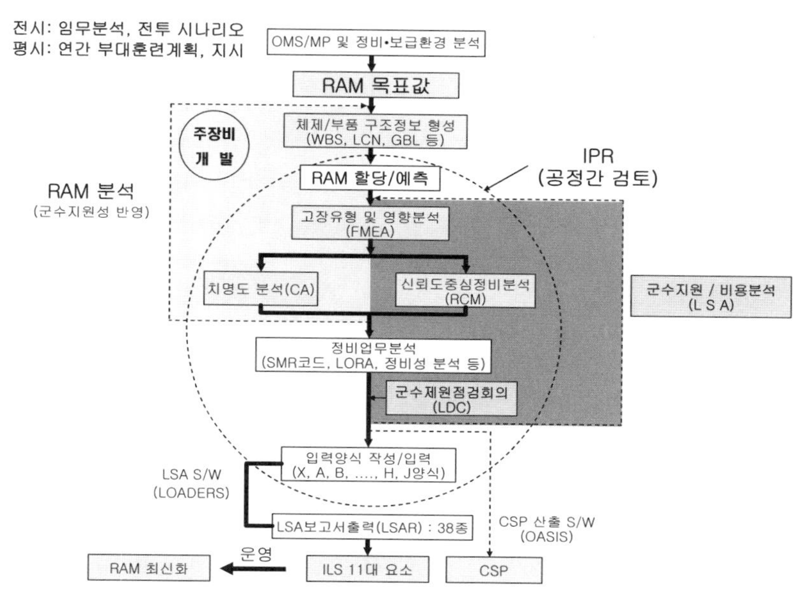

〈그림 3-3〉 RAM 분석과 연계된 LSA 업무체계

출처 : 육군군수사령부, 「종합군수지원 실무지침서」, p.100.

보충설명

근원정비복구성(SMR)부호

1. 정 의

모든 개발품목에 대해 획득방법, 정비계단 선정, 복구 또는 폐기처리 한계를 5자리 영문자로 표기한 부호로써, 군수지원분석 결과 결정된 품목별 보급형태, 교환단계, 수리단계 및 수리가능 여부, 폐기개념 및 단계 등의 정보를 수록하고 있는 부호이다.

2. 역할 및 중요성

근원부호(S)	정비부호(M)	복구성부호(R)
· 조달저장 품목 선정 - 획득/유지비 영향 · 운용 소요 결정 - 부대 기동화 영향	· 정비 업무체계 설정 - 정비효율성 영향 · 지원 장비/시설 결정 - 지원소요량 산정 영향	· 복구 또는 폐기한계 설정 - 경제적 수리한계 영향 · 창정비 개발소요 결정 - 획득/운용유지비 영향

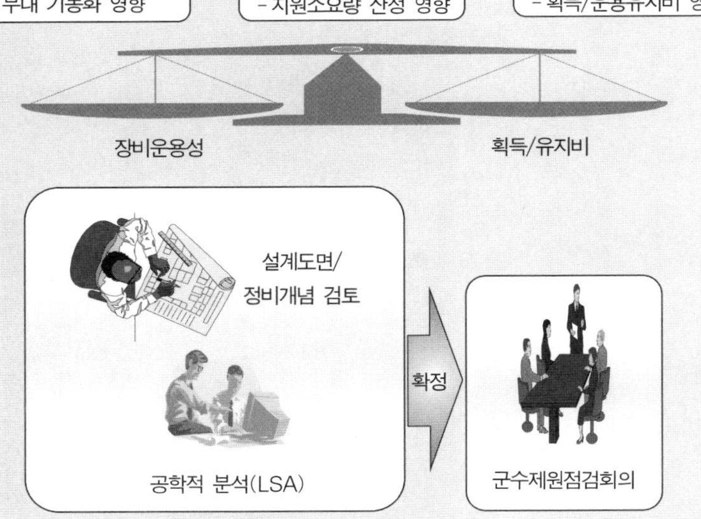

○ 품목별 근원부호(S) 설정 : 수리부속 획득/유지비에 지대한 영향

- 해당 품목을 중앙조달하여 획득 저장할 것인가?
- 필요시만 획득 저장할 것인가?

○ 품목별 정비부호(M) 설정 : 정비계단/시험장비, 공구 소요산정에 영향

- 어느 제대에서 해당 품목을 사용/교환할 것인가?
- 어느 제대에서 수리할 것인가?

○ 품목별 복구성부호(R) 설정 : 정비 복구・폐기 제대 선정에 영향

- 어느 제대에서 해당 품목을 재생 복구할 것인가?
- 어느 제대에서 폐기 처리할 것인가?

3. SMR Code 부여방법

근원부호(S) 〔① ②〕	정비부호(M)		복구성 부호(R) 〔⑤〕
	사용 부호〔③〕	수리 부호〔④〕	
품목을 어떻게 획득하는가?	누가 품목을 교환, 사용할 수 있는가?	누가 완전수리를 할 수 있는가?	누가 복구/폐기 처분을 하는가?

○ 부호의 의미

①②번째 자리(PA) - 『중앙조달 획득저장되는 품목이며』

③번째 자리(O) - 『장비 운용부대에서 교환되고』

④번째 자리(H) - 『군지사 정비대대에서 수리되고』

⑤번째 자리(D) - 정비창에서 복구 또는 폐기된다』

○ 설정지침

- 근원부호가 「XA」(차상위조립체 교환)로 설정된 품목의 차상위조립체는 이중으로 「XA」부호 설정 금지
- 「XA」설정 품목은 수리/복구절차 불필요로 「수리/복구성 부호」(4~5

번째 자리)는 「ZZ」(수리/복구 미실시) 부호 부여
- 「XA」설정 품목의 「사용 부호」(3번째 자리)는 해당 품목의 사용(검사, 접근) 인가제대 명시를 위해 부호 부여
- 근원부호를 「XA」(차상위조립체 교환)로 설정하는 대상품목은 고장 발생/정비소요 발생이 극히 희박한 구조물(블럭, 하우징, 지지대 등)위주로 부여
- 「XA」설정 품목의 차상위조립체 근원 부호는 「PA」(보급저장)가 아닌 「XD」(필요시 조달) 위주로 부호 부여

○ 주요부호 설명

구 분			설 명	비 고
S (근원 부호)	P계열	PA	• 중앙조달 획득저장 품목	Procurement
	A계열	AF	• 직접지원 정비계단 조립 품목	Assemble
	K계열	KD	• 창 분해검사/수리키트 포함 품목	Kit
	M계열	MD	• 창 정비계단에서 제조/제작 품목	Manufacture
	X계열	XA	• 조달/저장되지 않는 품목이며, 이러한 품목의 소요는 차상위 조립체를 교환함으로써 충족	-
		XD	• 저장되지 않고 필요시 조달 품목	
M (정비 부호)	사용제대 (3번째 자리)	O	• 장비 운용부대에서 교환 사용	Organization
		F	• 사단 정비대대에서 교환 사용	Field
	수리제대 (4번째 자리)	H	• 군지사 정비대대에서 완전수리	Heavy
		Z	• 수리 불필요 품목	-
R (복구성 부호)	복구/폐기 제대 (5번째 자리)	D	• 창 정비계단에서 복구 또는 폐기	Depot
		Z	• 수리 불필요 품목으로 사용 후 폐기	-

출처 : 육군본부, 「종합군수지원 개발 업무지침서」, pp.270-274.

- LORA : FMECA를 통해 식별된 고장유형에 대한 위험도 분류와 상대적 치명도 값으로 고 위험도 품목으로 식별된 비계획정비 업무와 RCM 분석을 통해 식별된 계획정비 업무에 대한 정비인시, 보급품, 시험장비 및 공구 등을 식별하여 정비소요에 대해 해당 정비계단의 정비수행 타당성 을 검토하는 방법
- LOADERS : 무기체계의 ILS 개발요소의 최적화 과정을 위한 LSA 관련 정보를 지원/관리하는 소프트웨어
- OASIS : CSP 소요산출 표준 소프트웨어로써, 미 소요산출 모델(SESAME : Selective Essential item Stock Availability for Multi-Echelon)을 한국 환경에 맞게 국방과학연구소에서 1996년 개발한 소프트웨어

군수지원분석 업무는 프로그램계획 및 통제(Task section 100), 임무 및 지원체계 정의(Task section 200), 대안의 준비 및 평가(Task section 300), 군수지원자원 소요의 결정(Task section 400), 지원성 평가(Task section 500)으로 나뉘며 무기체계 획득단계에 따른 군수지원분석 업무(LSA Task)의 적용범위는 〈표 3-7〉과 같으며, 군수지원분석 업무(LSA Task)의 세부목록별 업무는 다음과 같다.

- LSA TASK 101 : LSA개념설정
- LSA TASK 102 : 군수지원분석 계획
- LSA TASK 103 : 프로그램 및 설계검토
- LSA TASK 201 : 운용연구
- LSA TASK 202 : HW, SW 및 지원체계 표준화
- LSA TASK 203 : 비교분석
- LSA TASK 204 : 기술적 기회

- LSA TASK 205 : 지원성 및 지원성 관련 설계요소
- LSA TASK 301 : 기능요구사항 확인
- LSA TASK 302 : 지원체계 대안
- LSA TASK 303 : 대안평가 및 선택적 교환 분석
- LSA TASK 401 : 업무분석
- LSA TASK 402 : 초기 야전분석
- LSA TASK 403 : 배치 후 지원소요 분석
- LSA TASK 501 : 지원성 시험, 평가 및 확증

〈표 3-7〉 **획득단계별 군수지원분석 업무(LSA Task)의 적용**

LSA		획 득 단 계				
Task section	TASK	선행개념	개념연구	탐색개발	체계개발	양산/후속양산
100	101	NA	G	G	S	NA
	102	NA	G	G	G	G
	103	NA	G	G	G	G
200	201	G	G	G	G	NA
	202	NA	G	G	G	C
	203	G	G	G	G	NA
	204	NA	G	G	S	NA
	205	NA	G	G	G	C
300	301	NA	G	G	G	C
	302	NA	G	G	G	C
	303	NA	G	G	G	C
400	401	NA	NA	S	G	C
	402	NA	NA	NA	G	C
	403	NA	NA	NA	NA	G
500	501	NA	G	G	G	G

주) NA : 적용하지 않음. G : 일반적으로 적용함. C : 설계변경 시 적용함. S : 선택적으로 적용함

출처 : 육군군수사령부, 「K1A1전차 사통장치 창정비 LSAP」(대전 : 육군군수사령부, 2007), p.23.

특히, LSA 소프트웨어인 LOADERS는 무기체계 ILS 개발요소의 최적화 과정을 위한 군수지원분석 관련 정보, 즉 RAM 분석 · LCN · FMECA · LORA · RCM 자료등을 체계적, 종합적, 효율적으로 지원/관리하는 데이터베이스 체계이다. 이러한, LOADERS의 입력기는 상호기능 소요(X), 운용 및 정비(A), RAM 특성(B), 정비도/인간공학(C), 지원 및 시험장비(E), 시험중 품목 및 시험계획(U), 시설(F), 인간공학/숙련도(G), 목록화(H), 수송(J)가 있으며 입력 데이터 양식에 대한 일반적인 상호관계는 〈그림 3-4〉와 같다.

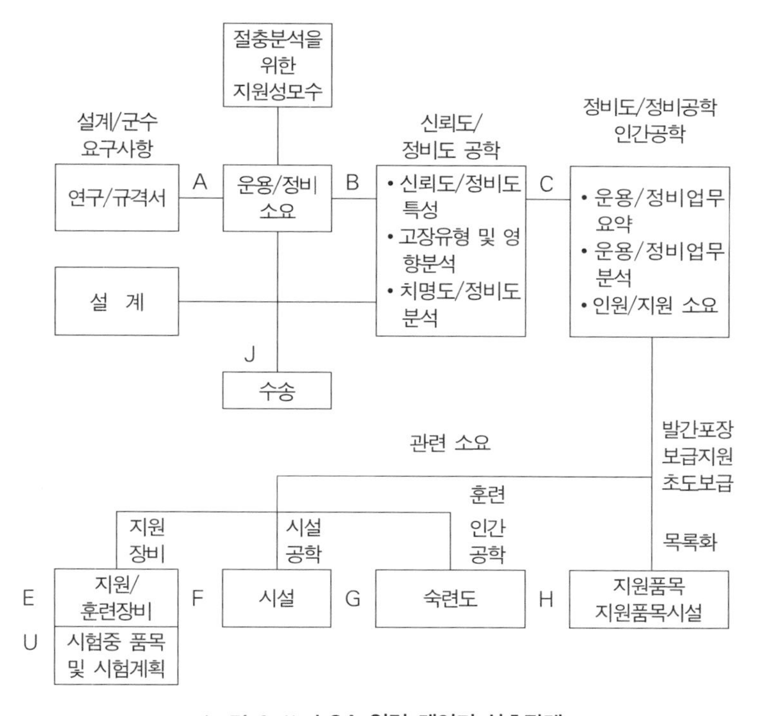

〈그림 3-4〉 LSA 입력 데이터 상호관계

출처 : 육군군수사령부, 「K1A1전차 사통장치 창정비 LSAP」, p.36.

LSA의 체계적인 수행을 위해 국방과학연구소에서는 통합데이터베이스 기반의 LSA기법 핵심기술 개발을 2002년 8월부터 응용연구를 시작하여 2005~2006년 시험개발이후 2007년 시험평가를 통해 군수지원분석 통합시스템(SOLOMON : SOftware for LOgistic analysis MOdels Next generation)[51]개발을 완료하여 2007년 9월 방위사업청, 소요군, 방산업체를 대상으로 SOLOMON체계에 대한 개발결과와 시연, 운용절차교육을 실시한 이후 SW를 배포하여 적용하고 있다.

군수지원분석 통합시스템(SOLOMON)의 주요기능은 다음과 같다.[52]

- LSA 데이터 입출력, DB 관리 및 기술교범 콘텐츠 생성(LOADERS II)
- 동시조달수리부속(CSP) 소요산출(OASIS II)
- 수리수준/정비계단 분석(LORA)
- RAM 시뮬레이션, RAM 분석통합, RAM 시험자료 처리 SW
- 응용지원기능(ILS Event관리, 전자문서관리, 협업지원 등)

---

51) 통합 DB 기반하에 주장비 설계정보, 군수지원분석(LSA), RAM 분석정보를 통합하고, 분야별 SW간 프로세스의 유기적인 연계를 통해 신속하고 정확하게 LSA수행체계를 구축하기 위한 software package로 ILS요소 개발을 위한 군수지원분석 지원체계.

52) 방위사업청, 「종합군수지원 개발 세미나」(2006년 12월), p.5.

제3절 창정비 요소 개발 절차

1. 창정비 개념 및 절차

육군의 주요장비에 대한 정비는 5계단으로 구분되어 수행하고 있으며, 창 정비는 마지막 단계인 5계단 정비로 장비가 고장시 수행하는 고장 창정비와 창정비주기가 도래한 장비를 완전분해 정비 및 재생하는 순환창정비로 구분할 수 있다. 일부 무기체계는 장비별 특성을 고려하여 정비계단을 아래의 〈표 3-8〉과 같이 상이하게 적용하고 있다. 육군의 정비지원체계는 〈그림 3-5〉와 같으며 야전정비단계(3, 4계단 정비)에서도 연간 조달계획 금액이 일정 금액 미만인 품목 등에 대해서는 외주정비업체를 활용하고 있다.

육군은 최초 각 분야별 기지창체계(통신, 총포, 의무, 기계, 일반 장비, 기동, 특무 등)운영에서 항공분야(헬기) 정비를 위해 1982년 ○정비창을 창설하고, 기존의 기지창 체계는 ○○정비창 내에 전차/궤도정비단, 통신정비단, 총포정비단, 의무정비대, 기계공작단, 차량/일반단으로 통합이 되었으며, 2012년 이후에는 정비지원사령부를 창설하여 각 정비단을 운영할 예정이다.

〈표 3-8〉 무기체계별 정비계단

구 분	내 용
3계단	• 헬기 : 부대정비 → 항정대 → ○○정비창/외주업체 • 특수무기 : 부대정비 → 군지사 특수무기지원대 → ○○정비창
4계단	• 야전정비종결장비(1,2 → 3 → 4계단) : 상용차량, 일반장비류 • 창정비 종결장비(1,2 → 3 → 5계단) : 화학장비, 중차량 등
5계단	• 전차, 자주포, 장갑차, 화포 등 주요 전투 장비

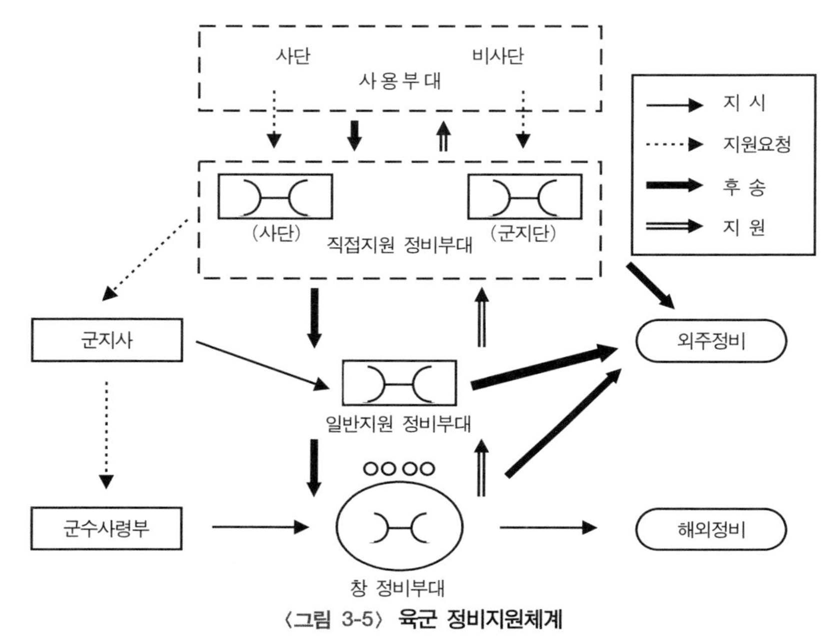

〈그림 3-5〉 육군 정비지원체계

출처 : 육군본부, 「부대정비근무(야교 42-1)」(대전 : 육군본부, 2005), p.16.

창정비(Depot Maintenance)의 개념은 수리 및 분해나 재생이 요구되는 완제품, 부분품 및 결합체에 대한 정비를 말하다.[53] 이는 장비의 조달소요를 감소시키며 또 필요한 경우, 야전정비 부대의 정비 능력 초과시에 지원하게 된다. 창정비는 결합체와 부분품의 신품, 분해수리품 또는 재생품 등을 사용하여 물자를 사용 가능한 상태로 복구하며 설계나 조립의 변경을 포함하는 물자의 수정 및 구성품의 교환과 보다 많은 위험이 수반되는 탄약 및 특수무기의 정비와 야전정비부대의 기술능력이나 작업능력이 초과되는 정비지원 등을 포함한다. 창정비를 수행하기 위

53) 육군군수사령부, 「이해하기 쉬운 군수용어집」(대전 : 육군군수사령부, 2007), p.88.

해 야전 정비능력을 초과하는 장비 및 수리부속은 정비창 수집소로 후송되며 최초검사로 상태를 분류하여 정비입고 되면 해체검사를 실시한다. 이때 폐기율로 산정되어 확보된 소요 수리부속으로 수리하며 역순으로 결합한 후 분야별로 정비한 내용에 대해여 공정검사를 거쳐 기능 및 성능시험을 실시하며 품질검사 기준서 및 창 정비 작업기준서에 의거 최종검사를 실시하는 절차로 3개의 정비창을 운영하여 창정비를 수행하고 있으며 정비창별 창정비 대상장비는 〈표 3-9〉와 같다

〈표 3-9〉 육군 정비창 별 정비현황

구 분	주 요 장 비	
○○정비창	총포	화포, 대공포, 소·중·자동화기류 등
	특무무기	발칸, 다련장 등
	궤도	K1전차, K55자주포, K계열 장갑차, M48A3/A5 전차, K77 장갑차
	기동	21/2카고, 제독차, 정수차, 유압크레인, 레포타, 5톤(카고, 유압크레인, 구난차 등)
	일장	장갑전투도자, 교량 가설단정, 정수기, 발전기, 2.5톤/5톤 유압 크레인, 지뢰탐지기
○정비창	500MD, UH-1H, AH-1S, UH-60	
○정비창	재블린, 토우, 현무, 어죤, 오리콘, 대박격포레이더	

육군은 제한된 장비유지비의 효율성을 극대화하기 위해 공군(1991년 9월)과 해군(1999년 10월)에 이어 육군 정비기술연구소를 2006년 4월 육군군수사령부 예하 00정비창에 창설하여 기술개발분야에 대한 검증체계 기반을 구축하고 일부 핵심 분야 정비기술에 대한 통제능력을 구

비시켰다. 이를 바탕으로 정비 기술지원과 조달애로 및 획득부품에 대한 역설계 등으로 부품을 국내개발 하여 군의 예산절감을 위해 노력하고 있다. 육군군수사령부는 2004년부터 합리화, 표준화, 상호호환성(RSI : Rationalization, Standardization, Interoperability)[54)]에 의한 실사구시적 정비혁신을 〈그림 3-6〉과 같이 체계화하여 추진하고 있다. 군수사령부의 실사구시적 정비혁신과 연계하여 육군 정비기술연구소 창설이후 군직정비 기술개발 및 예산절감 실적은 〈표 3-10〉과 같다.

〈표 3-10〉 군직정비기술 및 예산절감 현황

구 분	계	기술개발	합리화(R)	표준화(S)	상호호환성(I)
건 수	208	144	44	3	17
절감액 (억원)	93.14	37.86	35.8	1.71	17.77
주요 사례		· 발칸포 배전상자시험장비 개발 · K1전차포구감지기 정비기술	· K9자주포 엔진 정비주기 조정	· 궤도바스켓 표준화 · 조달애로 단순/비 기능품목제작 지원	· M48A2C전차 "밋션" 개조활용 · M 계열 전차 로드휠 요수리품 정비 재활용

출처 : 육군종합정비창, 「정비기술연구소 업무보고」(2007년 5월 14일), p.3.

54) 합리화, 표준화, 상호호환성(RSI : Rationalization, Standardization, Interoperability)은 미군이 1989년부터 정비지원의 효율성 증대를 위해 발전시킨 개념으로 미 육군규정에 반영 추진하여 왔으며 이로 인해 군수지원요소가 현저히 감소되었고 국가와 군 및 장비간 상호지원이 가능하게 되어 자원의 효율적 운영과 NATO군과의 연합작전시 합동성도 달성할 수 있었다. 육군군수사령부, 「기술회보 제1호(RSI에 의한 정비혁신 추진)」(부산 : 군수사령부, 2006), p.5.

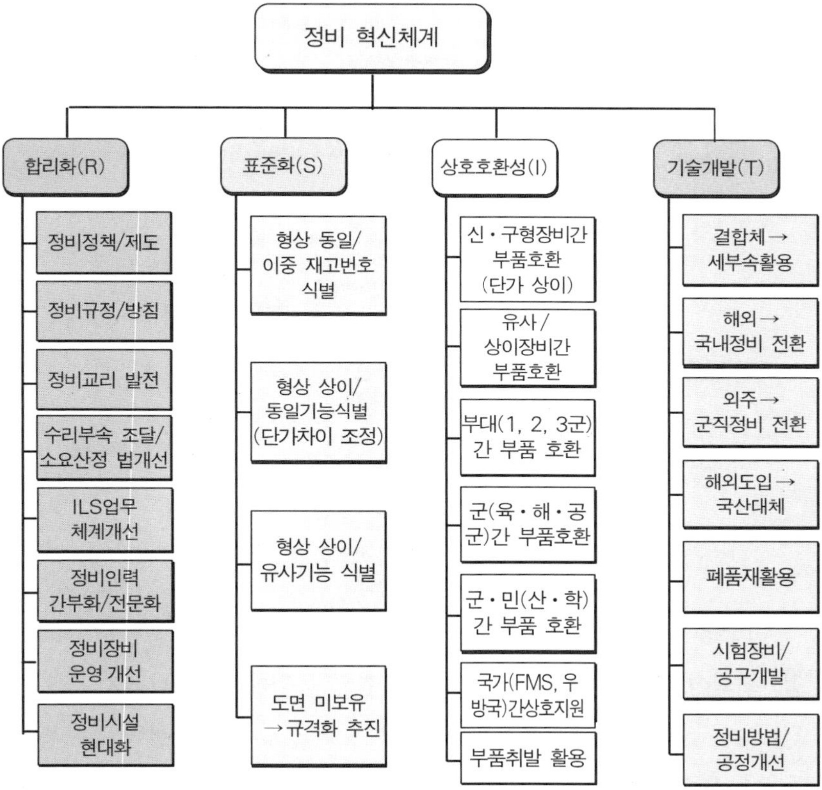

정비 혁신체계

- 합리화(R)
  - 정비정책/제도
  - 정비규정/방침
  - 정비교리 발전
  - 수리부속 조달/소요산정 법개선
  - ILS업무 체계개선
  - 정비인력 간부화/전문화
  - 정비장비 운영 개선
  - 정비시설 현대화
- 표준화(S)
  - 형상 동일/이중 재고번호 식별
  - 형상 상이/동일기능식별(단가차이 조정)
  - 형상 상이/유사기능 식별
  - 도면 미보유→규격화 추진
- 상호호환성(I)
  - 신·구형장비간 부품호환(단가 상이)
  - 유사/상이장비간 부품호환
  - 부대(1, 2, 3군)간 부품 호환
  - 군(육·해·공군)간 부품호환
  - 군·민(산·학)간 부품 호환
  - 국가(FMS, 우방국)간상호지원
  - 부품취발 활용
- 기술개발(T)
  - 결합체→세부속활용
  - 해외→국내정비 전환
  - 외주→군직정비 전환
  - 해외도입→국산대체
  - 폐품재활용
  - 시험장비/공구개발
  - 정비방법/공정개선

〈그림 3-6〉 **정비혁신 체계도**

출처 : 육군군수사령부, 「기술회보 제1호(RSI에 의한 정비혁신 추진)」(부산 : 군수사령부, 2006), p.13.

또한 육군 정비창의 정비기술 능력보유는 미 8군이 보유하고 있는 한·미 공통장비에 대한 미측의 창정비 확대 요청(구난전차(M88A1), AN/TPQ-36·37, 전투장갑도저)을 통해 그 능력을 인정받고 있으며, 외주정비 업체의 경제성 부족 등으로 정비계약을 포기한 일부 무기체계에 대한 창정비 능력을 제한적으로 보유하고 있다.

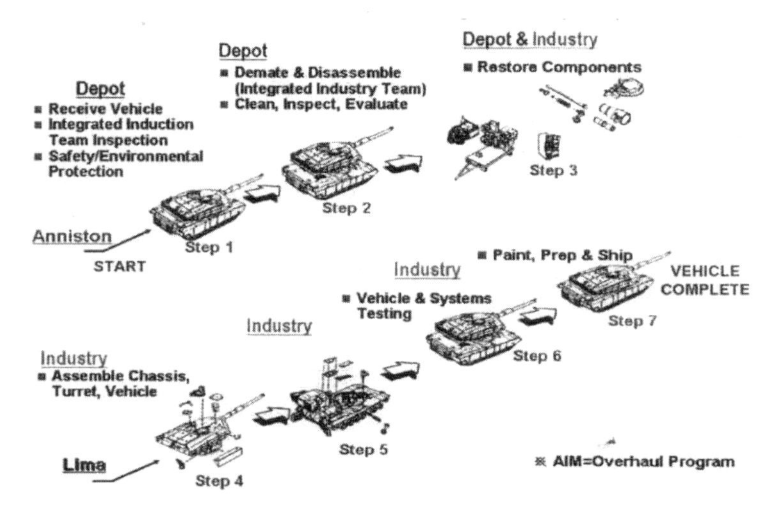

〈그림 3-7〉 Abrms Integrated Management(AIM)

출처 : http://www.ausa.org/www/greenbook.nsf(검색일 : 2007년 9월 5일)

미국의 창정비 절차를 보면 미국은 장비의 수명 연장, 운용유지비 절감, 신뢰성·정비성·안전성·효율성 향상 등을 위해 실시하고 있으며 정비창은 장비 분해 및 부품관리, 업체는 조립 및 성능시험을 실시하여 장비를 완성하는 절차로, 작업 공정을 분할하여 수행하고 있다. 정비창은 야전에서 장비를 인도받아 분해 및 검사, 세척 공정을 담당하며, 업체는 차체/포탑·조립, 완성차 성능검사 및 도색, 운송 업무 등을 담당하고 있으며, 전체 공정중 분해는 창에서 조립은 업체가 수행하여 창과 업체가 혼합방식으로 〈그림 3-7〉과 같이 창정비를 수행하고 있다.

창정비 수행의 필요성에 대해 살펴보면 다음과 같다.

첫째, 목표 작전가동률 유지 측면에서 살펴보면 창정비를 위한 기술은 창정비 작업 수행을 통해서 가능하며, 이 같은 기술을 확보해야만 창정비를 기술적으로 뒷받침할 수 있고 외주정비[55]로 수행시 창정비 기간의 장기화 및 비용의 과다 소요 등을 고려시 창정비를 통해 경제적으로 수행할 수 있다.

둘째, 정비지원의 적시성 도모 측면에서 정책결정 사항에 따라 주요 정책변경이 가능하며, 별도의 조달 변경, 계약, 납품 등의 절차 없이 즉시 실행이 가능하다. 또한 군의 작전요구에 대한 적기지원을 보장하고, 정비 우선순위의 조정, 생산량의 증대 등을 즉시 결정 및 조치가 가능하다.

셋째, 안정적인 정비지원 측면에서 육군 정비창은 현역 및 군무원으로 구성된 군 조직으로 노사분규나 업체도산 등 작전지원에 차질을 주는 사태 발생이 희박하다. 또한 창정비 중 발견된 주요 결함에 대해 운영부대에 즉시 전파하여 검사항목 추가, 검사방법 보완, 검사 주기단축 등 안전관리에 신속히 대처할 수 있다.

넷째, 정비기술 및 군수지원 자족성 확보 측면에서 외주정비는 경제성 품목에 한해 능력을 구비하나, 군 정비창은 작전긴요 품목뿐만 아니라 보급애로 품목과 비경제성 품목도 필요하다면 능력을 구비하여 지원한다.[56]

---

55) 민간 정비업체에 의뢰하여 실시하는 정비로 군 정비능력을 초과하거나 군정비가 비경제적일 때, 또는 품질면에서 외주정비가 효과적일때 수행하며 통상 창정비 수행장비는 군직 및 외주정비를 정비물량으로 배분하여 공동으로 수행하고 있다. 육군군수사령부, 「이해하기 쉬운 군수용어집」, p.81.

56) 최석철 · 이춘주, "군직정비 물량의 민간 이양 필요성에 관한연구", 「국방과 기술」통권337호(2007년 3월호), pp.38-39.

2. 창정비 요소

창정비 요소란 야전운용중인 장비를 창정비 주기도래 및 주요 구성품 고장시 창으로 후송하여 정비를 수행할 때 필요한 창정비 작업요구서(DMWR), 시험장비, 특수공구, 시설, 정비인력 등을 말하며 제반요소를 개발하는데 필요한 소요를 도출하고 개발하기 위한 전반적인 군수지원요소에 대한 분석절차인 군수지원분석(LSA)을 통하여 개발소요를 도출하고 개발하게 되는데 주요 창정비 요소는 〈표 3-11〉과 같다.

〈표 3-11〉 창정비 요소

요 소	내 용
창정비작업요구서 (DMWR)	정비창에서 창정비시 활용하는 5계단 기술교범
시험장비	완성장비나 구성품에 대한 정비 전·중·후 각종시험을 실시하는데 사용되는 장비
특수공구	정비시 특정장비에만 적용하는 정비용 공구
시 설	창정비를 위해 필요한 정비시설(크레인 등 설비포함)
정비인력	시험평가, 창정비 임무를 수행하는 정비인원 획득 교육
시험평가	창정비 요소 개발 완료후 정비절차에 의거 정비가 가능한지를 확인하는 종합적 평가
군수지원분석 (LSA)	창정비 요소 개발 과정에서 DMWR, 특수공구, 시험장비 등의 소요를 도출하고 개발하기 위한 전반적인 군수지원 요소에 대한 분석

3. 창정비 요소 개발 절차

창정비 요소 개발은 무기체계 개발간 국과연이나 개발업체에 의해 무기체계의 특성 및 제원과 정비개념을 설정하고 향후 창정비소요 예측에 따른 정비창 시설요구 조건과, 소요되는 시험장비, 창정비 비용, 정비인력 및 숙련도 요구조건, 완전분해수리 및 품질보증 표준절차, 정비대충장비 등을 포함하여 향후 창정비 수행을 위한 기본계획으로 창정비계획서를 작성하게 되며 창정비계획서의 주요 내용은 〈표 3-12〉와 같다.

〈표 3-12〉 **창정비계획서 주요 내용**

- 창정비계획서의 작성목적, 임무, 범위
- 정비지원개념
- 장비특성 및 제원
- 창정비 소요예측
- 시설요구조건
- 창정비 소요장비
- 창정비 비용
- 인원 및 숙련도 요구조건
- 완전분해수리 및 품질보증 표준절차
- 정비대충장비
- 부록(LCN FAMILY TREE, 약어목록)

출처 : 국방과학연구소, 「K1A1전차 창정비계획서」(대전 : 국과연, 1997).

창정비계획서에 기초하여 방위사업청 IPT에서 창정비 방침 및 계획(안)을 작성하여 소요군에 통보하고 소요군은 이를 검토 수정 보완하여 방위사업청으로 통보하면 방위사업청은 관련기관과 협의를 통하여 창정비 방침 및 계획을 확정하게 된다. 창정비 방침결정시 고려해야 할 요소는 〈표 3-13〉과 같고, 창정비 방침 및 계획에 포함되는 사항은 〈표 3-14〉와 같다.

〈표 3-13〉 창정비 방침 결정시 고려요소

구 분	고 려 요 소
내 용	• 국방예산의 효율적 활용(비용 대 효과, 이중투자방지) • 방산업체 지원(기술인력유지, 첨단기술개발지원) • 정비지원효율성(정비지원연계성, 정비시설가동률, 정비지원 안정성 · 지속성) • 장비가동률/만족도(준비태세, 전투지속유지, 품질/납기) • 기술축적 활용도(정비기술교육/확보, 활용정도)

〈표 3-14〉 창정비 방침 및 계획

- 장비특성 및 전력화 현황
- 창정비 요소 개발 필요성
- 창정비 대상품목 분석
- 창정비 형태 (순환정비/고장정비) 분석
- 창정비요소 개발시기 검토
  - 창정비 주기/도래시기, 창정비 요소 개발 기간
  - 창정비 요소 개발 착수시기
- 창정비원(군직, 외주, 해외) 검토, 대안
- 창정비 요소 개발 범위
  - 창정비작업요구서(DMWR), 시험장비, 특수공구
  - 정비시설, 정비인력, 군수지원분석

창정비 방침 및 계획이 결정되면 국방중기계획과 연도별 진행에 따라 연도예산 편성을 제안하고 주 계약업체에 의한 창정비요소를 개발하기 위한 업체 개발계획서를 작성시 시험장비등에 대한 군 요구사양을 개발업체에 제시하고 업체는 군 요구사양을 충족시킬 수 있도록 제작사양서를 작성 소요군에 제시하게 되며 이를 바탕으로 업체 개발계획서를 완성하여 방위사업청에 제출하게 되고 방위사업청 통합사업관리팀(IPT)은 업체 개발계획을 검토하고 계약관리본부와 협조하여 창정비 요소 개발

계약을 체결하게 된다. 창정비요소 개발 계약이 이루어지면 사업을 관리하는 군수사는 사업추진 및 관리에 관련되는 기본계획인 사업관리 계획서를 수립하고 관련기관 및 업체에 통보하며 사업착수 회의시 사업관리 방향을 설명하게 된다. 이후 본격적인 사업관리 과정으로 군수지원분석(LSA)에 따른 군수제원점검(LDC)을 IPR Package에 의한 공정간검토(IPR)를 실시하여 개발업체 분석 자료에 대한 타당성 검토와 소요군의 요구사항을 추가하여 반영 조치하게 되고 개발업체는 LDC 결과를 시험 장비 및 특수공구 설계검토에 반영하고 창정비작업요구서(DMWR), 목록화 등에 반영하여 개발하게 된다.

또한 사업관리 담당자는 개발업체가 수행중인 창정비 요소 개발간 주기적인 제작공정 확인을 통해 소요군 요구 사항이 적시 반영되고 있는지 여부와 인간공학적 요소를 반영하고 개발 진행과정을 관리한다. 향후 요소개발이 완료되면 기술적 적합성 등 개발 업체에 의한 개발시험 평가(DT&E),[57] 수요군에 의한 운용시험평가(OT&E)[58]를 실시하여 평가결과를 보완하고 최종적으로 시제창정비[59]를 통하여 개발 요소에 대

57) 개발시험평가(DT&E : Developmental Test & Evaluation)는 개발단계에서 제작된 시제품에 대하여 기술상의 성능(신뢰도 · 유지성 · 적합성 · 호환성 · 내환경성 · 안정성 등)을 측정하고 설계상의 중요한 문제점이 해결되었는가를 확인 평가하여 획득과정에서 기술적 개발목표가 충족 되었는지를 결정하기 위하여 수행되는 시험평가이다.

58) 운용시험평가(OT&E : Operational Test & Evaluation)는 소요군이 시제품에 대하여 각종 작전환경 또는 이와 동등한 조건에서 작전운용성능 충족여부를 확인하고, 교리 · 편성 · 교육훈련 · 종합군수 지원요소 등에 대한 적합성을 시험평가 하는 것이다.

59) 시제창정비란 창정비에 필요한 기본요구조건(시설, 장비, 인원, 기술자료 등) 을 획득한후 직접 창정비를 실시함으로서 그 과정에서 돌출되는 문제점과 보완사항을 분석하여 정비창의 합리적인 창정비 공정표준을 산출해내는 활동이다.

한 최종점검을 실시하여 창정비 시스템을 구축하게 된다. 이러한 절차는 〈표 3-15〉와 같다.

〈표 3-15〉 창정비 방침 결정 및 요소개발 TIME TABLE(예)

구분	'00	'01	'02~'05	'06	'07	'08	'09	'10	'11	'12
주장비		초도배치 ◀	전	력	화				창정비 도래	▶
창정비			창정비 방침결정('03) 중기반영('04)	개발착수 ◀	창정비요소개발(4년)		▶	준비	창정비 실시	

제4장

창정비 요소 개발 현실태 및 문제점

제1절 ILS 인력운영 및 관리

2007년 ILS요소개발 관련 육군군수사 사업목록은 〈표 4-1〉에서와 같이 LSA 및 총괄 종합업무를 담당하는 인원을 포함하여 판단해 보면 1인 평균 9개 장비를 담당하고 있어 업무수행 규정과 방침, 절차 소요제안, 획득절차, 예산편성, LSA 분석기법, 사업관리등 고도의 전문성을 갖추지 않으면 ILS 요소개발에 효율성과 효과를 기대하는 것은 매우 어렵다.

〈표 4-1〉 2007년 사업목록 현황

구 분	계	소요요청	연구개발 소요검토지원	구매 사업지원	양산 사업지원	창정비 요소개발
장비수	106	36	19	5	32	14

출처 : 육군군수사령부, 「종합군수지원 사업계획」(2007년 1월), p.4.

ILS 업무 추진을 위한 고도의 전문성을 갖추기 위한 현 인력 운용 및 관리실태는 〈표 4-2〉 및 〈표 4-3〉과 같으며 매우 열악한 수준을 벗어 나고 있지 못한 실태이다.

〈표 4-2〉 ILS 인력 운영

구 분	계	장 교	준사관	군무원
육군본부	10	7		3
육군군수사	20	11	1	8
정비기술연구소	17	6	3	8

〈표 4-3〉 보직인원 근무년수

구 분	1년 미만	1~2년	2년 이상
계	19	12	11
육군본부	4	3	3
육군군수사	10	4	6
정비기술연구소	5	7	5

보직인원 중 정책형 장교의 비율이 12%로 매우 저조하다. 그리고 무기체계 시스템(System)을 이해하는 장교가 드물다. 체계성능과 야전운영 및 정비분야에 관련되는 기술병과 장교의 보직은 군수사 ILS과를 기준으로 분석해 보면, 전체 구성원 중 1명, 보직 5%로 수준으로 업무 수행간 전문성을 확보하지 못하고 있다. 장교는 1년 단위 보직으로 잦은 교체가 이루어지고, 또 군무원은 보직상한제 제도에 따라 승진하거나 근속 년수가 5년이 지나게 되면 타부서로 옮겨야 된다.

사실 군무원의 경우 야전 경험과 무기체계 특성을 이해하지 못하기 때문에 ILS 업무 보직 이후 최소 3년 정도는 지나야 정상적인 업무 수행이 가능하다. 특히 타부서로 옮긴 이후 새로이 보직되는 군무원의 경우 앞에서 언급한 사례를 반복하고 있어 경험으로 얻은 업무수행 노하우를 제대로 활용하지 못하는 악순환이 반복되고 있고 또 충분한 사업관리 능력과 전문성을 갖추지 못한 상태에서 업무를 수행하고 있는 실정에 있다.

제2절 ILS 교육체계

ILS제도가 우리 군에 도입된 지도 25년이 경과하였다. 그러나 장교들의 경우 군 조직의 특성상 ILS업무에만 무한정 종사할 수 없고 정기적인 순환보직을 하지 않으면 안되는 현실적인 제한점을 가지고 있고, 여기에 대하여 체계적이고 전문적인 교육이 제대로 이루어 지지 않고 있기 때문에 ILS업무에 대한 전문성이 미흡하다. 그리고 국방획득관리분야에 대한 교육실태를 살펴보면 국방대학교에 이론중심의 무기체계 석사과정이 유일하였으나 최근 국방획득분야의 중요성과 방위사업청의 개청 및 획득인력의 전문성 확보의 필요성에 따라 한남대학교 국방전략대학원에 국방획득관리학과를 2005년에 신설하여 국방획득 전반에 관한 체계적인 교육을 유일하게 〈표 4-4〉와 같이 실시하고 있다.

〈표 4-4〉 한남대 국방전략대학원 국방획득관리학과 교과현황

교과목	교 육 내 용
기획.계획, 예산체계	• 국방부가 활동을 하는데 소요되는 모든 재원들이 어떤 배분과정을 거쳐 제공되는지 연구 • 특히 국가전력(목표)가 전체로서의 국방예산(수단)이 어떻게 연계되는지 논리적으로 이해하여 군의 국방획득 프로그램을 분석 · 평가하고, 산출물(outputs)을 조사하고, 전략대안(strategic alternatives)을 평가할 수 있는 전문능력을 발전시키는 데 초점
소요 기획론	• 국방기획(defense planning)의 제분야 가운데 하나인 소요 기획에 관한 전반적인 이해를 도모 • 획득 프로그램의 성공(비용, 일정, 기술)에 있어 가장 핵심적인 요소인 소요기획의 필요성 및 중요성을 강조
종합군수 지원론	• 무기체계의 수명주기간 필요로 하는 제반 군수지원 요소를 적시, 적절하게 획득 · 유지하여 무기체계의 가동률을 최대화하고, 수명주기 비용을 최소화하는데 필요한 전문능력을 발전 • 이를 위해 무기체계 및 비무기체계의 소요기획단계 부터 설계 · 개발 · 획득 · 운영 및 폐기시까지 전과정에 걸쳐 제반 군수지원 요소를 종합적으로 관리하는 전문능력을 발전
국방획득 관리입문	• 국방부의 국방획득정책 및 절차, 특히 소요창출체계, PPB체계, 획득관리체계의 상호작용에 중점을 두어 국방획득관리 전반에 관한 기본적인 개념적 설명을 제공
방위산업 정책론	• 국가방위를 목적으로 하여 군사적으로 소요되는 물자를 연구, 개발하거나 생산하는데 종사하는 방위산업을 경험적 차원에서 연구 • 이를 토대로 미래의 안보환경 및 기술발전 속도에 탄력적으로 대처할 수 있는 바람직한 방위산업 정책 방향이 무엇인지 고찰
획득 전략론	• 소요제기 결정된 무기체계 및 장비를 어떤 방법과 절차를 통해 비용 · 효과적으로 획득하는지를 이해 • 이를 통해 비용(cost), 일정(schedule), 성능(performance)에 부정적인 결과를 초래할 수 있는 문제에 탄력적으로 대처할 수 있는 전략기획(strategic planning)능력을 발전

교과목	교 육 내 용
소요기획 문서작성	• 다양한 소요기획접근법(RPA : Requirements Planning Apporaches)을 숙지시켜, 육 · 해 · 공 합동성에 토대를 둔 '합동소요기획'능력을 발전 • 또 관련 문서들을 논리적 · 체계적으로 작성할 수 있는 독자적인 능력을 발전
군수관리개론	• 유형적 군사력을 건설하고, 유지하며, 정비하는 군수 관리에 대한 총체적인 이해를 도모 • 특히 미래전 양상변화에 발맞추어 탄약, 유류, 수리부속 등 전쟁긴요물자의 전시소요에 대한 개념을 재정의하고, 첨단 복합 무기체계의 효율적인 군수지원 등을 위한 군수지원(정비, 수송 등) 기반시설 확충을 도모할 수 있는 방법을 모색
국방획득개론	• 국가안보적 위협에 대처하기 위해 군에 의해 사용되어 지는 무기체계, 정보기술체계, 기타 장비의 획득을 위한 틀(framework)을 제공하는 국방획득 체계를 이론적, 경험적 차원에서 분석한다.
국제협상론	• 다문화적(multi-cultural) 환경 속에서 복잡한 이슈들을 해결하는데 필요한 협상을 기획하고 준비하는데 초점을 두는 방법을 연구 • 특히 협상관련 이론과 실무를 배우고 또 협상관련 당사자들의 행동과 목표를 감안하여, 어떻게 그리고 언제 협상기술을 실제 현장에서 적응시키는지를 배움으로써 협상능력을 발전시키는데 초점
조달계약관리 : 이론과 실제	• 효율적이고 효과적인 조달/계약체계의 원칙을 충분히 이해하여 실제 현장에 곧바로 적용하는 것을 가능케 하는 방법을 연구 • 특히 조달기획(procurement planning), 시장조사, 시방서 작성 및 검토, 입찰방법, 평가기술, 기술 및 가격제안서 분석, 계약행정/관리, 계약파기 등에 관한 실무훈련을 포함
품질관리론	• 군수품의 표준화 및 시험평가에 대한 기술지원 업무에 관한 전반적인 지식을 발전 • 특히 업체/품목별 위험도 관리, 품질보증활동 계획 수립 및 개선, 비용 · 일정 · 성능관리에 관한 전문 능력을 발전시키는 데 초점

교과목	교 육 내 용
시험 및 평가	• 특정 무기체계가 기술상 또는 운용상으로 소요문서에 명시된 제반 요구조건을 충족시키는지를 확인하고 평가하는 기법을 이해 • 시험 및 평가 프로그램의 총체적 구조 및 목표를 기록한 시험평가기본계획(TEMP : Test & Evaluation Master Plan)을 작성하는 능력을 배양
군사과학기술론	• 첨단 군사과학기술에 대한 과학적이고 체계적인 분석을 통해 우리 군이 보유한 최신 무기체계의 능력을 지속적이고 체계적으로 극대화시켜 전투력을 향상 • 또한 보유 무기체계가 가진 기술적 한계에 대해 철저히 연구, 필요시 대응방안을 강구
첨단무기체계론	• 현대전에서 사용되고 있는 각종 첨단 무기체계의 각종 특징과 장·단점을 분석, 평가 • 특히 각종 첨단 무기체계의 체계능력(system capability) 과 체계특징(system characteristics)에 관한 총체적인 이해능력을 발전시키는데 초점을 둔다.
국방모델링 & 시뮬레이션연습	• 국방의사결정의 신뢰성을 향상시키고, 국방운영의 경제성과 효율성을 제고시키며, 시스템의 운용효과를 향상시키는데 도움을 주는 M&S 체계 및 임무/대대 수준에 M&S 체계를 어떻게 활용할 수 있는지 심층적으로 연구
국방의사결정 분석기법	• 국방과 국방정책 의사결정 과정에서 직면하는 여러 가지 이슈들을 과학적으로 분석 • 이를 발전시킬 수 있는 대안을 제시할 수 있는 전문능력을 발전

출처 : 한남대 국방전략대학원 인터넷 홈페이지, http://nds.hannam.ac.kr/html/main/index.html(검색일 : 2007년 9월 14일)

또한 '직무중심'(OJT)의 교육은 국방무기체계 사업관리과정과 해외위탁교육 등을 실시하고 있으며 이러한 국방획득분야에 대한 교육은 〈표 4-5〉와 같다.

〈표 4-5〉 국방획득관리 교육과정

<table>
<tr><th>구 분</th><th>교 육 내 용</th><th>비 고</th></tr>
<tr><td>국방사업
관리과정</td><td>소요기획, 원가관리, 계약관리, 연구 개발 사업관리 등</td><td>직무(OJT) 중심 교육</td></tr>
<tr><td>국방대학교
석사과정</td><td>국방관리, 무기체계, 무기공학, 전자 통신 공학, 재료공학, 항공우주공학 등 특정분야 교육</td><td>무기체계획득 등 이론 중심 교육</td></tr>
<tr><td>각군
기술병과교육</td><td>각군 교육사령부에서 체계운용 위주 교육</td><td rowspan="3">실무연계교육 미흡</td></tr>
<tr><td>민간대학
학위과정</td><td>잠재역량 배양교육</td></tr>
<tr><td>해외위탁교육</td><td>미국 국방체계관리대학 사업관리과정</td></tr>
</table>

출처 : 박기준, "21세기를 대비한 국방획득관리 비전", 육군교육사령부, 2002년 11월, p.20.

우리 군의 ILS분야에 대한 교육은 육군종합군수학교에 〈표 4-6〉에서와 같이 2주간의 기간으로 육・해・공군, 방위사업청, 그리고 방산업체 관계자들을 대상으로 20~30명 단위의 학급으로 연 4개 기수로 편성하여 교육을 실시하고 있다. 군수교 ILS교육의 실태는 단기간의 교육기간과 ILS 업무소개 위주의 교육으로 체계적이고 전문적인 교육은 아니다. 또 국방획득관리와의 연계성도 미흡하다. 그러나 이보다 더 심각한 것은 창정비 요소 개발 분야에 대한 교육이 전혀 이루어지지 않고 있다는데 있다.

〈표 4-6〉 ILS 교육현황

구 분	개념/ 업무체계	RAM 분석	군수지원 분석	수명주기 단계별 ILS 업무	비무기체계 ILS	초빙 교육
시간(H)	6	4	4	26	2	2

출처 : 육군종합군수학교, 종합군수지원 교육계획(2007년 1월)

육군 군수사 창정비 요소 개발 담당부서의 ILS 및 국방획득관리 교육 이수실태는 〈표 4-7〉에서 보는 바와 같으며 전 보직인원 중 25%만 관련 교육을 이수한 실정이다.

〈표 4-7〉 ILS 관련 교육이수현황

군수교 ILS과정	업체교육 (모아소프트사)	국대원 사업관리과정	신뢰성 교육
5명	1	1	1

제3절 ILS 기술지원

체계개발시 ILS 요소개발 및 창정비 요소 개발은 그 범위가 광범위하고 전문지식을 요구하는 개발분야로 주로 개발기관 및 업체에 의존하여 개발하다보니 개발요소에 대한 기술검토, 설계검토, 공정간 검토가 극히 미흡하게 이루어 진게 사실이다. 체계개발시는 국과연 및 기술품질원의 기술지원하에 개발이 이루어지고 있으나 창정비 요소 개발 간에는 국과연 및 기술품질원의 기술지원을 받지 못하고 있고 기술지원을 수행할 수 있는 규정과 방침도 정비되어 있지 못한 실정이다. 또한 제한된 장비유지비의 효율성을 극대화하기 위해 공군(1991년 9월)과 해군(1999년 10월)에 이어 종합정비창 인력을 모태로 하고 일부 인원을 육군내 외부 인력으로 충원하여 창정비 요소 개발과 신규 무기체계 개발시 ILS에 관련된 기술지원 및 자체 주요 구성품의 청정비 개발을 수행할 수 있도록 육군 정비기술연구소를 2006년 4월 ○○정비창 예하에 창설 하였다.

군의 정비기술연구소는 일부 핵심분야 정비기술에 대한 통제능력을 보유하고 있으며 이를 바탕으로 정비 기술지원과 조달애로 및 획득부품에 대한 역설계 등으로 부품을 국내개발 하여 군의 예산절감을 위해 노력하고 있다. 본 절에서는 육군의 정비기술연구소가 수행중인 ILS기술지원 실태로 한정하여 문제점을 제시 하고자 한다.

첫째, ILS기술지원 편성 및 임무수행능력 미흡이다. 현 정비기술연구소내 ILS업무수행은 연구소 내 4개과 중 정비기술개발과 내에 제한적인 기능을 부여하고 있으며 편성도 구체화 되어 있지 못하다. 또한 LSA 및 RAM분석을 자체적으로 수행할 수 있는 체계와 능력을 구비하지 못하고 있다.

둘째, ILS 인력의 전문성 확보가 미흡하다. ILS전문교육(LSA, RAM, 신뢰성 분석기법 등)을 받지 못하고 정비창 현장인력 및 지원부서 인력 위주로 운용되고 있어 ILS관련 각종 검토능력과 개발을 위한 체계를 갖추지 못하고 있다.

셋째, 첨단화·정밀화된 무기체계에서의 소프트웨어 비중이 확대되고 창정비요소로 개발되는 각종 시험장비의 내장형 소프트웨어는 체계 성능보장을 위한 핵심요소가 되고 있으나, 소프트웨어를 단순한 구성품으로 보는 하드웨어 중심 사고에서 크게 벗어나지 못하여 내장형 소프트웨어를 효율적으로 획득·관리하기 위한 제도적인 기반 구축 및 관련 전문인력 확보가 미비한 실정으로 개발관리, 산출물 작성 등과 같은 기술적인 측면에 치우쳐 업무가 추진되는 경향이 있다.[60] 창정비용 시험장비의 내장형 소프트웨어의 경우 〈표 4-8〉과 같이 다양한 종류로 개발되어 시험장비의 유지보수 및 창정비 수행간 경험요소를 반영한 SW수정

60) 「국방일보」, 2007년 4월 17일, 4면.

과 확장시 기술적 접근이 제한되고 차후 유사무기체계 시험장비 개발시 소프트웨어의 상호 운용성이 보장되지 않아 별도 개발하는등 예산의 낭비요인이 나타나고 있으며, 체계적이고 통합적인 시험장비의 내장형 소프트웨어 개발 관리가 제대로 이루어지지 못하고 있다.

〈표 4-8〉 **창정비용 시험장비 SW 적용실태**

장비명	K9자주포	K1전차	K200A1장갑차	K77장갑차
시험장비	33종	23종	16종	15종
사용 SW	LabVIEW C++	Fortran Delphi Simon	Visual C Visual Basic LabVIEW	Visual Basic LabVIEW Delphi 3.0

보충설명

ILS 미도입 K-1전차 사례

K-1 전차사업은 1978년 6월 26일 한국형 전차사업단이 발족되어 1978년 7월 6일 미국 기술지원 하에 2대의 시제 전차를 1980년 6월까지 설계, 개발 및 조립하도록 한·미간 양해각서(MOU)를 체결하여 추진했고 1986년에 초도장비가 생산 배치되었다. 그러나 ILS 요소개발은 우리 군에 ILS 개념이 도입되기 전에 미국 GDLS사 주도로 추진되어 오다가 ILS 제도가 도입되면서 비로소 우리 군과 제작업체인 현대정공에 의해 추진되었다.

이와 같은 K-1 전차사업의 경우 수많은 시행착오를 거치면서 우리군에 ILS 제도를 도입시켜 적용한 최초의 연구개발 사업으로 우리 군과 제작업체인 현대정공에 의해 〈표 4-9〉와 같이 6부 사업[61]으로 추진되었으며 주요 획득단계별 ILS 추진실태 및 문제점은 다음과 같다.

〈표 4-9〉 K-1전차 ILS 6부 사업현황

구 분	기 간	개 발 품 목
ILS 1부 (선행개발)	'84.5 ~ '85.1 (8개월)	• 개념형성 및 기본계획 수립 • 특수공구 목록 및 설명서 외 6종 개발
ILS 2부 (실용개발)	'85.6 ~ '87.12 (30개월)	• 사용자~직접지원 정비/보급교범 개발 • 특수공구(29종)/시험장비(1종) 개발 • 초도배치부대 교육(15회) 실시 및 야전부대 상주지원 • 각종 계획서 및 지침서 개발(보급기술 문서 포함) : 13종 • 군수지원분석 기록보고서(LSAR) 개발

61) 국방부, 「종합군수지원(ILS)사례집」(국방부, 1998. 12), p.20.

구 분	기 간	개 발 품 목
ILS 3부 (초도생산)	'88.1 ~ '90.6 (30개월)	• 직접 및 일반지원 정비/보급교범 개발 • 시험장비 운용지침서 개발(16종) 및 사용군 교육실시 (26회) • 특수공구/시험장비 개발 및 획득(155종) • 창정비 계획서(18종) 개발 및 포장제원 개발 • 각종 계획서(2종) 및 지침서(16종)
ILS 4부 (양산, 배치운용)	'90.7 ~ '93.6 (36개월)	• 창정비 작업요구서(DMWR) 개발 • 시험장비 운용지침서 개발(12종) 및 포장상자 시제개발 (3종) • 특수공구(3종)/시험장비(9종) 개발 및 획득 • 교육용 비디오테이프(2종) 개발 및 시설 Layout 개발 • K-1 전차 시제 창정비 실시(1대 : 초도→1차 양산 형상) • 창정비 계획서(11종), 각종 계획서 및 지침서 개발(4종)
ILS 5부 (양산, 배치운용)	'92.10 ~ '95.3 (33개월)	• GPTTS 3, 4계단 정비/보급교범 개발 • GPTTS 창정비 계획서 및 시험장비(2종)개발) • 사통장치 관련 시설 Layout 개발(1종) • GPTTS 각종 계획서 및 지침서 개발(4종)
ILS 6부 (양산, 배치운용)	'93.10 ~ '96.9 (33개월)	• 창정비 작업요구서(DMWR : 28종) 개발/최신화(35종) • 시험장비 운용지침서 개발(15종) 및 부대 교육(2회) 실시 • 특수공구/시험장비(10장비) 개발 및 획득 • 포장제원 및 포장상자 시제개발(8종) • 시제 창정비 실시(1대 : 초도→2차 양산 형상) • 각종 계획서 및 지침서 개발(4종)

소요·기획단계에서 ILS 요소개발에 대한 소요제기가 전혀 안 되었으며, 선행개발단계에서 시제 제작용 기술자료 묶음(TDP)에 대한 설계 검토 및 시제 전차 시험평가시 정부기관, 육군 및 업체의 ILS 개발요원 참여가 배제된 채 미국 GDLS사의 ILS 요원만 참여하여 소요군의 의견이 전혀 반영되지 않았다.

실용개발 단계시에는 연구 및 설계반영 면에서 ILS 요소개발에 대한 소요제기 누락으로 인해 RAM 및 군수지원분석(LSA) 업무가 미실시 되어 주장비 설계시 반영이 미흡하였고, 시험평가 대상항목 설정기준이 모호였다. 또한, 주장비에 대한 실용개발시험과 야전배치를 동시에 수행함으로써 실용개발 기간 중 기술변경사항이 과다 발생하는 결과를 초래하여 장비 배치, 운영 간 장비유지에 많은 애로를 겪게 되었다.

표준화 및 호환성 면에서는 K-1 전차를 전혀 다른 수준(세대)의 M-48 전차와 호환성을 유지하도록 하여 사실상 장비성능 향상과 기술개발을 저해하는 결과를 초래하였으며, 정비지원 면에서는 주장비개발과 생산에 대한 우선정책으로 국외업체로부터 수입되는 주요 기능품목에 대한 구매계약은 체결되었으나 ILS요소개발에 필요한 기술자료 구매계약은 누락되어 기술자료 획득이 지연되고 개발에 애로사항이 발생되었다.

지원장비 면에서는 완성장비 수준에서 적절한 군수지원분석을 실시하지 않고 개발품목을 선정함으로써 불필요한 지원장비를 획득(9종)하였으며, 보급지원 면에서는 동시조달수리부속(CSP)을 국외업체의 추천 자료에 의거 선정하였으나, 군수지원분석 결과 불필요한 품목이 다수 발견되는 등 부적절하였다.

교육훈련 및 교보재 면에서는 사용자 교범 및 부대정비 교범 개발, 그리고 시스템에 대한 완전한 운용분석 후 교육용 교재를 작성하는 것이 원칙이나, 실용전차에 대한 시험평가와 초도생산이 배치와 동시에 이루어졌기 때문에, 기술교범과 교보재를 동시에 작성함으로써 잦은 수정과 교육훈련시 혼란을 초래하였으며, 기술자료 면에서는 수시로 발생된 기술변경사항에 대해 여러 차례 기술교범 내용을 수정 보완하는 등 양질의 교범을 작성하기 위한 개발업체의 희생과 노력은 지대하였으나, 사용자 입장에서 볼 때 수회에 걸쳐 수정된 교범이 배포됨으로써 혼란을 가중시키는 결과만 초래했다.

포장 · 취급 · 저장 및 수송 면에서는 최초 개발과정에 누락되어 사업 중반에 추가함으로써 개발이 지연되었고 포장제원표와 수송지침서는 미개발되었다.

초도생산단계에서는 시험평가와 초도생산이 동시에 이루어져 초도생산시 실용개발 시험평가결과를 미반영함으로써 초도배치 전차 운용시 문제점이 다수 발생되어 운용부대에서 많은 애로를 겪게 되었다.

이후 양산 · 배치 · 운용단계에서도 11대 ILS 요소별로 여러 가지 문제점이 발생되었는데 몇가지 주요사항만 제시하면 다음과 같다. 보급지원 면에서 전차

중대・대대 및 사단 정비대대용 특수공구 및 시험장비가 일부 미보급 되어 정비지원이 곤란하였으며 쌍안경, 유관 및 위장망 등 부수기재가 미 보급되었다. 인력운용 면에서 K-1전차 사통장치는 전자식인데 기계식인 M계열 포탑수리병으로 인가되어 정비가 곤란한 문제도 발생하였다.

교육훈련 및 교보재 면에서는 직접정비지원부대 정비교육을 장비배치 후 7개월 만에 실시하고 공구 및 시험장비가 확보되지 않은 상태에서 이론위주로 교육을 하다 보니 교육성과가 없었고 정비지원에 애로가 발생하였으며, 교육장비 수령후 교관능력 및 교보재가 부족하여 장비 소개 위주의 교육을 실시하였고, 2년차에도 부대정비수준의 교육을 실시하였다. 또한 사후보증기간에 업체는 하자결함부분 정비에만 주력하고 기술이전은 피동적으로 하여 운용 및 정비부대의 기술축적이 곤란한 실정이었다.

결과적으로 주장비 초도배치 이후 〈표 4-10〉과 같이 3,121건의 설계변경과 6회의 기술교범 수정으로 10년 동안 개발비 505억 원을 추가로 투입하여 ILS 개발을 완료하게 되었으며, 특수공구 및 시험장비를 과다 개발/획득(377종)함으로써 일부가 사장되게 되었고, 형상 다양화(4개)로 수명주기 간 운용유지비가 과다 발생하는 결과를 초래하였다.

〈표 4-10〉 **K-1전차 설계변경현황**

구분	계	초도생산 (6~210호)	1차양산 (211~520호)	2차양산 (521~825)	3차양산 (826호 이후)
건수	3,121	2,393	326	366	36

K-1 전차사업과 같이 ILS 요소를 적용하지 않음으로 인해 ILS 요소 소요제기가 누락된 사업은 개발, 배치, 운용상의 과정에서 많은 문제를 야기시킬 가능성이 높기 때문에 모든 연구개발 사업 추진시에는 반드시 사전 ILS 규정에 따른 ILS-P(종합군수지원계획서)의 작성을 통하여 제반 ILS 요소에 대한 소요를 반영하여 주장비 개발과 동시에 ILS 요소를 개발할 수 있도록 해야 한다. 또한 모든 무기체계 개발시 개념형성 및 개발초기단계에서도 ILS 요원이 필수적으로

참여하여 ILS 요소에 대한 전반적인 검토결과를 반영해야 탐색 및 체계개발시 문제점을 최소화할 수 있고 양산·배치, 운용기간 중 설계변경 소요를 줄일 수 있으므로 모든 ILS 요소를 고려하여 설계에 반영해야 한다.

또한 K-1 전차는 실용개발 시험평가가 완료되지 않는 시점에서 초도생산이 병행 수행됨에 따라 야전 배치와 동시에 ILS 요소의 획득 및 배치가 이루어지지 못한 점과 실용개발 시험평가 종료 후 많은 기술변경사항이 발생하게 된 점은 향후 차기 무기체계 개발시 필수적으로 고려되어야 한다. 즉, 초도생산·배치 후 많은 기술변경사항이 발생할 경우, 무기체계가 안정되지 못하고 ILS 요소 개발상의 이중부담, 초도배치 장비와 그 이후 배치된 장비 간 부품의 이중조달 및 관리상의 문제, 초도배치장비 보유부대의 불만족 등을 초래하게 되므로 완벽한 개발 및 운용 시험평가를 통해 기술변경사항 발생을 최대한 억제해야 할 것이다.

그러나 개발과정에서의 노력에도 불구하고 운용단계에서의 문제점 발생은 필연적이다. 이러한 각종 고장에 대해서는 원인 및 고장주기, 정비시간 등을 분석하여 차기 무기체계 개발 간 환류할 수 있는 체계구축이 요구된다.

출처 : 이경재, 「획득기획의 이론과 실제」(서울 : 대한출판사, 2007), pp.152-156.

제4절 창정비 요소 개발

육군 군수사령부 주도로 개발 중인 창정비 요소 개발 사업은 계약이 체결되어 진행 중인 6개 장비와 창정비 방침 및 계획을 심의 확정 후에 추진예정인 비호 등 8개 장비로 총 14개의 주요 장비에 대하여 창정비 요소 개발을 추진 중에 있다. 이러한 창정비 요소 개발 대상 장비는 사업기간이 짧게는 1년에서 최장 5년동안 창정비요소를 개발하게 되며 주요 창정비 요소 개발 대상은 앞에서도 언급 하였듯이 창정비 시스템을 구축하기 위한 제반 요소로 구성된다. 창정비 요소 개발 예산은 주장비 체계개발시 병행하여 개발되는 1~4 계단 ILS 요소개발 예산과 비교해 볼때 〈표 4-11〉과 같이 2~3배가 많은 예산이 창정비 요소 개발에 투자되고 있다. 그러나 창정비 요소 개발과 관련된 체계화되고 표준화된 절차와 규정은 제대로 정립되어 있지 않다. 이 때문에 〈표 4-12〉에 제시된 주요 창정비 요소 개발 사업관리를 해 나갈 때 관련기관의 참여와 관심이 상당히 미흡하며, 육군 군수사는 업무의 조정 및 통제를 받는 입장에서 육군본부 및 방위사업청(IPT, ILS 개발1팀) 국방과학연구소, 국방기술품질원의 지원을 적시에 받지 못하고 있는 것이다.

〈표 4-11〉 창정비 요소개발 예산투자 현황[62]

구 분	체계개발	야전ILS요소개발	창정비요소개발
K1A1전차	000 억원	63 억원	145 억원
K9자주포	000 억원	125 억원	371 억원

62) K1A1전차 야전 ILS요소 개발비용이 상대적으로 적은 것은 기존 개발된 K1전차를 성능개량 했기 때문에 K1전차 개발비는 제외한 비용이다.

〈표 4-12〉 창정비 요소개발 주요 사업현황

구 분	K9 자주포	성능 개량 발칸	천마	K1 A1	성능개량 전술통신 체 계	비호	MLRS /탄운차	BO-105	국내 개발 UAV
시험장비(종)	33	11	15	16	35	44	103	25	-
특수공구(종)	338	39	6	178	11	69	251	195	-
DMWR(종)	158	75	16	74	4	9	89	11	4
정비시설(동)	5	-	1	-	-	3	-	-	-
LSA(식)	1	1	1	1	1	1	1	1	1
목록화	2,960	980	12,918	2,800	3,600	3,500	3,390	800	-
포장제원표	1	1	1	1	1	1	1	1	-
시험평가(식)	1	1	1	1	1	1	1	1	1
교육(식)	1	1	1	1	1	1	1	1	-
시제창 정비(1식)	1	-	-	1	1	1	1	1	-
개발예산 (억원)	371	65.5	270.5	145	53.8	594	274	24	10

출처 : 육군군수사령부, 창정비 요소개발 사업계획(2007년 1월)

1. 창정비 요소 개발 인식 미흡

앞에서 언급한 바와 같이 주요 무기체계에 대한 창정비는 향후 무기체계에 대한 운용유지에서 성능을 보장하는 중요한 정비행위로 수행되고 있지만 이를 뒷받침하기 위한 창정비 요소 개발은 필요성은 인식하면서도 실행단계에서는 매우 미흡하게 추진되고 있는 게 사실이다.

1) 창정비 요소 개발 에 관한 고정관념

첫 번째 문제로 지적할 수 있는 것은 창정비 요소 개발에 대한 고정관념이다. 어쩌면 이것이 창정비 요소 개발 수행상의 가장 큰 문제점일 수 있다. 현재 ILS부서 발전방향과 밀접하게 연관되어 있는 문제는 바로 ILS에 대한 개발자들과 기관의 인식상의 문제이다. 과거 ILS가 정착되기 이전에 쌓인 관행들, 주장비 계약이후의 추가적인 옵션 정도로의 인식, 그로인해 정량적이지 못한 ILS 계약은 제대로 된 비용의 처리 없이 개발과 양산을 가리지 않고 요구에 의해 수동적이고 소모적인 문서작업 중심으로 진행되어온 게 사실이다. 즉, 필요성에 대한 의문과 그다지 비용을 들이지 않아도 된다는 관행에 뿌리를 둔 고정관념을 어떻게 바꿀 수 있을 것인가가 큰 문제가 된다는 점이다.

2) 개발업체의 능력

창정비 요소 개발은 체계개발이 완료되고 무기체계가 야전에 배치되어 운용중 창정비 요소개발 소요기간과 창정비 주기가 도래되는 시기를 종합적으로 고려하여 창정비 요소를 개발업체 주도하에 개발하게 된다. 이때의 문제는 체계개발시에는 주장비 개발과 연계하여 1~4계단 ILS 요소를 개발해 나가지만, 이후 주장비 개발이 끝나게 되면 ILS 관련조직과 인원이 타 부서로 전환배치 되는 등 조직이 축소된다. 이런 축소된 조직을 이용하여 창정비 요소를 개발하다 보니 소요군에서의 요구사항을 정확히 파악 반영하지 못하면서 창정비 요소를 개발해 나가고 있는 것이다. 또한 주장비 개발이 완료된 상태에서 몇 년이 지나 창정비 요소를 개발하다 보니 개발시 구축 하였던 개발 자료의 관리가 미흡하고 활용 또한 제한된다. 특히 창정비 요소 개발을 업체 입장에서 어쩔 수 없이 해준다는 인식이 팽배하고 개발업체의 경영진도 그 중요성을 인식하지 못하고 있는 것이 가장 큰 문제이다. 예를 들어 창정비 요소를 개발하여 정비창에 구축하지 않으면 해당 무기체계에 대한 창정비는 군직정비가 아닌 업체에서 외주정비로 수행하게 된다는 암묵적 인식을 가지고 있는 것이다. 개발업체가 창정비 요소 개발 관련된 각종 제출 자료를 보면 개발업체별 수준의 차이가 확연하게 드러나고, 이것을 보면서 개발업체의 업무수행 의지와 능력에 의구심을 가지는 경우가 상당히 많은 것이다.

2. 창정비 요소 개발 소요예산 검토 제한

국방중기계획 반영 및 연도예산편성과 요소개발 계약시 창정비 작업요구서(DMWR), 시험장비, 특수공구, 정비시설, 군수지원분석(LSA), 시제창정비 등 창정비 요소를 개발하는 데 소요되는 개발비용에 대한 원가산정은 다음과 같은 절차로 산정된다.[63] 직접재료비와 직접노무비 그리고 직접경비를 합하여 직접원가를 구하고, 직접원가에 국방부의 이윤산정기준 및 제비율[64] 적용지침에 의거 방위사업청장이 매년 업체별로 정하는 제비율을 적용하여 산출한 간접비(간접재료비, 간접노무비, 간접경비)를 더하여 제조원가를 구한다. 이 제조원가에 위의 제비율을 적용하여 구한 일반 관리비를 더하여 총 원가를 구하고 여기에 이윤을 더 하여 계산가격을 도출하게 되며 개발비 구성은 〈표 4-13〉과 같다.

---

63) 국방부, 「방산계약 사무처리규칙」 32조, 「방산물자의 원가산정에 관한 규칙」 42조.

64) 제비율이란 원가산정시 적용하는 임율, 직접노무비, 간접노무비, 일반관리비, 이윤 등을 말하며 매년 방사청 계약관리본부에서 업체별 제비율을 산정하여 적용하고 있다.

〈표 4-13〉 개발비 구성 요소

<table>
<tr><td></td><td></td><td></td><td>이윤</td><td rowspan="7">개발비</td></tr>
<tr><td></td><td></td><td>일반관리비</td><td rowspan="6">총원가</td></tr>
<tr><td></td><td>간접재료비</td><td rowspan="5">제조원가</td></tr>
<tr><td></td><td>간접노무비</td></tr>
<tr><td>직접재료비</td><td rowspan="3">직접원가</td></tr>
<tr><td>직접노무비</td></tr>
<tr><td>직접 경비</td></tr>
</table>

출처 : 육군군수사령부, 「종합군수지원 실무지침서」, p.230.

개발비 소요는 창정비 요소 개발 주계약업체[65]가 육군 군수사에 제출하게 되고 군수사 ILS요소개발 담당 부서에서 검토하여 국방 중기계획 및 연도예산 편성을 요구하면 개발비 소요제안 내용을 육군의 비용분석기관인 분석평가단에서 비용분석을 실시하게 되고 그 결과를 국방중기계획 및 연도예산 편성에 반영하게 된다.

이때 개발비용의 1차 검토는 사업관리 담당실무자에 의해 전적으로 이루어지고 있으나 담당 실무자는 개발원가 구성 요소별 세부 산정기준과 절차를 정확히 이해하지 못하고 있다. 그리고 업체가 제시하는 자료의 창정비 요소개발 필수공정 및 불필요한 공정을 식별하는 능력이 떨어진다. 또 개발업체에서 제출하는 자료도 구체적인 소요공수(M/M)[66] 산정 기준과 근거자료의 제시가 미흡한 실정에 있다.

65) 주 계약대상 업체 중 개발능력 및 생산여건을 비교하여 정부가 최적격업체로 결정한 업체로, 지정된 무기체계의 정부관리 업체주도 연구개발 및 생산과 관련한 정부와의 계약이행에 대한 책임이 있으며, 구성품 협력업체의 개발 및 생산을 관리하고 설계・시제품제작・공정설정 및 기술자료 작성의 책임을 지는 업체이다.

66) 소요공수(M/M, Man/Month)란 개발에 투입되는 총 소요인시를 월단위로 구분한 인원을 말한다.

창정비 요소 개발은 주로 기술개발 관련 내용이 많기 때문에 위에서 언급한 개발비 구성항목은 방산물자 제조원가 계산을 위한 비용항목으로서 ILS요소 개발 비용인 용역원가 계산에 적용하는 것이 부적합하나 용역원가 계산에 관한 규칙이 없기 때문에 이를 준용하고 있다.[67]

3. 창정비 요소 개발 표준절차 및 표준문서 미정립

고액의 예산을 투자하여 개발하고 있는 각종 창정비 요소(DMWR, 시험장비, 특수공구, 인원, 시설 등)를 사업관리자가 체계적으로 적용하여 개발할 수 있도록 사업별 업무수행 간 핵심 수행과제를 식별하고 식별된 과제에 대한 수행시기, 주요업무내용, 절차, 참고자료, 관련부서, 기관 등 준비 및 확인하여야 할 사항을 포함한 업무절차를 표준화하고 문서화 하여 적용할 수 있도록 하여야 하나 표준화된 업무절차가 미정립되어 있고 문서화가 되어 있지 않아 주요 업무절차에 대한 적용을 사업담당 실무자의 개인적 판단과 능력, 그리고 상식을 바탕으로 적용하고 있다. 이로 인해 각 사업별 표준화된 사업관리가 되지 못하고 있어 개발업체가 의도하는 대로, 창정비 요소를 개발하고 관리하는 상태에 있다. 따라서 요소개발 예산의 낭비요인과 효율적이고 체계적인 창정비 요소를 개발하는데 많은 시행착오와 어려움을 겪고 있다.

표준문서는 일상의 업무든 개발에 관련된 업무 등 모든 사업은 계획수립, 검토보고 등 문서화하여 계획을 수립하고 각종 개발관련 자료를 작성 하거나 검토시 문서화 하여 업무를 추진하고 있다. 그러나 표준문

67) 육군군수사령부, 「종합군수지원 실무지침서」, p.232.

서체계가 정립 되지 않아 창정비 요소를 개발하는 업체가 작성하는 모든 계획과 검토자료가 개발업체 및 사업별로 상당한 불균형을 초래하고 있다. 군수지원분석계획서(LSAP)와 예비설계검토(PDR) 자료를 분석해 보면 다음과 같다.

'LSAP'(Logistics Support Analysis Plan)는 LSA업무를 통제하고 관리하기 위해서 사용될 과정과 절차를 문서화한 계획서이다. '과업'(Task)이 어떻게 수행될 것인가, 구체화된 설명여부가 충족되어 있는가, 그리고 완료 일정계획 및 각 과업를 완성시키기 위해서 필요한 정보, 출력자료가 LSA의 목적을 만족시키기 위하여 어떻게 활용될 것인가, 기술 여부와 ILS개발요소 활동의 통합 여부 충족 등을 검토하여 승인하고 LSA업무간 적용[68]하도록 되어 있으나 〈표 4-14〉와 같이 LSAP 수립 및 승인절차 없이 업체 개발계획서에 간략하게 기술하여 사업관리를 수행함으로서 사업관리 실무자가 군수지원분석 업무절차 및 업무를 조정・통제하기 위한 기준설정이 되어 있지 못하고 있어 업무수행 간 주요 사안별 의사결정의 기준과 실무자 교체시 많은 혼란을 초래하고 있다.

〈표 4-14〉 군수지원분석계획서(LSAP) 수립현황

구 분	천 마	성능개량 발 칸	K9자주포	K1A1 전 차	성능개량 전술통신체계
작 성 여 부	미작성	미작성	작성	작성	미작성

또한 시험장비 개발 간 많은 예산이 투자되고 창정비 완료 후 창정비

68) James V. Jones, *op. cit*, p.19.6.

품목의 품질을 보장할 수 있는 주요 구성품 및 체계의 시험기능 역할을 수행하는 중요도에 비하여 개발과정은 업체에 과다하게 의존하고 있다. 또 개발간 설계검토에 대한 규정과 지침이 미흡하여 최근 개발 중인 장비도 '예비설계검토'(PDR)와 '상세설계검토'(CDR) 절차 적용이 미흡한 상태에 있다. 그리고 시험장비에 대한 개발업체 설계검토 자료도 업체별 기준과 항목, 양식 등이 통일되지 않고 개발업체별 각각이 작성되고 있어 군 요구사양 충족 여부를 실질적으로 검토하는 것이 불가능하다. 업체별 작성실태는 〈표 4-15〉와 같다.

〈표 4-15〉 시험장비 예비설계 검토(PDR)자료 구성실태

구 분	천 마	성능개량 발칸	K1A1전차
구성항목	6~11	9~14	10~15
개발업체	두산인프라코어	LIG넥스원	삼성탈레스
미흡요소	• 개발업체별 검토자료 구성항목 차이 과다 • 군 요구사양 구현여부 식별 제한 • 시험항목 및 절차 일부 누락 • 계측기 호환성 및 검교정 대책 미흡 • SW 개발 구성, 고장진단 흐름도 제시미흡		

4. 창정비 요소 개발 통합 관리 체계 미흡

창정비 요소가 개발되고 시험평가가 종료되어 군사용 "적합" 판정을 받아 정비창에 납품되어 설치 운용하게 되면 창정비 요소를 개발하는 개발 및 획득 부서의 책임은 종료되고 운영유지부서로 넘겨져 주요전력화 장비에 대한 창정비 개발 요소를 적용하여 창정비를 실시하게 되고 장비의 성능유지 활동에 기여하게 된다. 이 과정에서의 문제점을 몇 가지 지적해 보면 다음과 같다.

첫째, 창정비 요소 개발 담당 부서는 향후 운영유지 및 정비효율성 극대화를 위한 검토와 내용을 심각하게 고려하지 않고 창정비 요소를 개발하고 있다는 것이다.

둘째, 창정비 요소 개발 부서내의 각 장비별 요소개발 소요의 정확한 판단과 검토를 위한 자료 및 창정비 시스템 이해의 부족, 각 장비별 개발 소요에 대한 호환성, 연동성, 표준화를 극대화 하는 통합관리시스템이 구축되어 있지 않다는 것이다. 특히 시험장비의 경우를 살펴보면 시험장비 개발시 정비창 운용환경의 고려가 미흡하고 정비계단의 부정확한 설정으로 인한 시험장비 개발의 낭비와 개발된 시험장비의 활용도가 시험장비 노후화로 인한 활용이 저조하며 시스템 성능검사에 많은 제약요인으로 작용하고 있다.69) 지금까지 기존에 개발 및 배치된 시험 및 정비장비는 특정 무기체계에 전용으로 사용할 수 있는 용도로 제작되어 표준화 및 호환성 검토가 제대로 수행되지 않아 연구개발시 중복 개발되는 경향이 있으며, 새로운 무기체계가 도입될 때마다 신규로 구입 및 배치되었다. 특히 해외 직도입 장비는 주장비와 동시에 일괄 구매되어 기존의 장비와 호환되지 않는 상태로 배치 운용되고 있으며, 사후 유지보수에 어려움이 있어 장비의 활용도가 떨어지거나 사용할 수 없는 경우도 발생하며 운용 중에 시험기능에 대한 추가나 변경사항이 발생되어도 해결하기가 힘든 상황이다.

---

69) 심행근, "미래개발 유사무기체계간 시험 및 정비장비 통합개발 및 효율적 관리방안" (육군본부, 2006전력화지원 세미나 발표논문, 2006년 10월 19일), p.85.

다음의 〈표 4-16〉 및 〈표 4-17〉은 중복 개발된 성능시험장비와 창정비용 회로카드 시험셋 개발 현황이다. 이와 같이 창정비 요소 개발에 대한 통합관리체계가 미흡하여 창정비 개발 및 획득일정, 개발비용 등 중복투자의 요인과 효율적인 창정비 시스템 구축 및 활용이 제한되고 있다.

〈표 4-16〉 성능시험장비 개발 현황

모델명	적용장비	정격출력	개발업체	개발비용
MB871	K1/K1A1	1,200HP	STX	15억원
MT881	K9, 탄운차	1,000HP	STX	31억원

〈표 4-17〉 회로카드 시험셋 개발 현황

무기체계	회로카드	개발업체	개발비용
PRC-999K	-	넥스원 퓨처	2.3억원
동부전자전	-	넥스원 퓨처	4억원
VHF 장비	-	휴니드 테크놀로지	29억원
PRC-950K	-	삼성탈레스	145억원
MSC-500K	-		
K9	33종	삼성탈레스	28억원 (K9용 13억)
K1A1	54종		
천마	20종	두산인프라코어	-
발칸 PIP	27종	LIG넥스원	-

출처 : 심행근, 위의논문, pp.85-86.

5. 야전운용자료 수집 분석체계

무기체계는 민수품과 달리 고도 첨단화, 다 기능화, 정밀화가 요구될 뿐만 아니라 사용 환경이 열악하고 사용자의 빈번한 교체 등으로 장비관리유지 및 고장 발생시 정비절차가 복잡하고 제한되는 등 고유한 특성을 가지고 있다. 전투장비의 경우 제품의 기능 및 운영 특성으로 인해 장비가 가진 신뢰성은 현대전에서 전쟁의 승패를 좌, 우하는 결정적인 요소로 작용한다.

현재의 무기체계에 대한 수명주기 기준으로 획득순기 비용70)은 획득단계 30~40%, 운용 단계 60~70%를 차지하고 있다. 운용단계 유지비용은 제품의 설계단계에서 대부분 결정되므로 최초 설계단계부터 과학적인 방법에 의해 군수제원이 산출되어야 하나, 각종 설계제원은 예측자료를 근간으로 산출되므로 운용단계에서 오류가 많이 발생되고 있다.

특히 한국군의 경우에는 미 육군의 야전자료수집 체계(Sample Date Collection)방식과 달리 야전 배치 및 운용단계에서 선정된 장비에 대한 운용현황, 고장현황 및 정비현황 자료 등 야전 운용 자료를 체계적으로 수집, 처리, 분석하는 방법론이 아직까지 제대로 정립되어 있지 않다. 따라서 무기체계의 배치 및 운용단계에서 '신뢰도'(reliability), '가용도'(availability), '정비도'(maintainability), '내구도'(durability) 즉 RAM-D분석, 그리고 특성 요소 분석 및 최신화미비, 그리고 체계적인 장비 정비, 유지관리가 미흡하여 완성장비의 수명단축은 물론이고 정비

70) 주요 무기체계 획득 라이프사이클 기간에 걸쳐 발생되는 비용성장에 관해 심도 깊게 연구한 논문들에 대해서는, Vince Sipple, Edward Tony White, Michael Greiner, "Surveying Cost Growts", *Defense Acquisition Review Journal*(January-April 2004), pp.79-91 내용을 참조.

소요 예측의 부정확성으로 인해 과다한 예산 낭비를 발생시키고 있다.

또한 국내의 경우, 무기체계 개발 여건상 품질 입증 관련 시험(내구도, 신뢰성 등)노력이 대체로 부족하여 정확한 수명 및 신뢰도 판단이 어렵기 때문에 배치 및 운용단계에서 야전 운용 자료의 지속적인 수집 및 분석을 통해 정확한 판단이 요구된다. 아울러 과학적인 기법에 의한 야전 운용경험제원의 수집과 유사장비 경험제원 비교 등으로 작전환경에서의 근접한 결과치 도출과 군수유지 비용 절감 및 운용 군수의 최적화가 필요한 실정이다.

국내 무기체계 개발단계에서 품질보증은 개발기간 및 소요 예산 제한으로 완벽한 품질보증활동에 제약이 많다. 특히 개발된 무기체계의 신뢰성 보장 및 운용 적합성 평가에 있어서 어려운 점이 많으며, 이러한 개발환경에서 개발된 무기체계의 운용 품질 및 성능에 대한 품질보증 및 정비대책의 수립은 배치 및 운용단계의 운용 유지비용 증가를 가져오는 한편, 과학적 논리근거와 함께 전투준비를 고려한 장비운용 정책을 수립하기 곤란한 주된 원인으로 작용하고 있다.

야전배치장비에 대한 운용 자료를 수집하여 고장 정보를 분석하는 목적은 성능이 우수하고, 정비 유지가 편리한 제품을 최적의 비용으로 보증하기 위한 것이다. 고장정보 분석체계는 제품의 개발 및 양산단계에서 설계 및 정비기준을 보완하고 성능개선을 위한 표준화된 수단이라 할 수 있다. 즉, 운용단계에서 도출된 각종 고장정보에 대해 원인분석, 대책수립 및 시정조치를 취하고 최초의 설계조건 및 정비, 유지계획 등에 반영시킴으로써 시스템의 신뢰성을 제고하고 효과적인 운영 및 보전 계획을 수립할 수 있도록 지원하는 시스템이다.

야전 운용자료는 군이 실제 야전 운용 환경조건에서 무기체계 운용시

발생되거나 획득되는 각종 고장정보, 정비정보, 운용정보, 개선정보 등 경험제원으로써 운용 장비의 RAM-D 수준 및 군수지원의 문제점을 정확하게 분석, 평가를 할 수 있는 중요한 기초자료가 되어 RAM-D 수준 및 군수지원성을 향상시키기 위한 목적뿐만 아니라 유사 또는 신규 무기체계 개발시 종합군수지원 요소개발과 창정비 요소 개발에서의 경험제원으로 유용하게 활용된다.

우리 군과 미군의 규정에서는 무기체계 전순기 특히 운용단계에서의 야전 경험자료를 수집, 분석하고 그 결과를 개발기관으로 환류시켜 무기체계의 성능개량이 가능하게 하고 차기 유사무기 개발시 경험제원으로 활용하는 종합군수지원 관리체계가 이루어 질 수 있게 명시되어 있다. 예를 들어 미군 규정의 경우 야전에 배치된 전 무기체계에 대한 효율적인 정비, 운용 유지를 위해 야전 운용자료의 수집, 분석 업무의 중요성을 인지하고 기존의 정비관리 시스템뿐만 아니라 선별적으로 주요 무기체계를 선정, 야전 품질정보를 수집, 분석하여 장비성능 평가와 운용효과를 극대화하는 야전운용자료 수집/분석시스템(SDC : Sample Data Collection)[71]을 구축하고 관련 세부업무 및 절차를 수립하고 각종 규

71) 미군의 경우 야전운용 자료 수집 및 분석의 중요성을 인식하여 이와 관련된 각종 훈령, 규정 및 팜플렛에 상세하게 명시되어 체계적으로 관리하고 있다. 이에 따라 미 국방성에서는 미군에서 사용하는 모든 물자에 대한 정비 프로그램의 정책들을 DoD Directive 4151.18(Maintenance of Military Materiel)로 규정화하고 야전 운용자료의 수집, 분석 시스템구축의 필요성을 명시하였다. 그리고 야전자료 수집, 분석체계와 관련하여 미 육군의 경우, TAMMS(The Army Maintenance Management System)또는 SDC(Sample Data Collection) 시스템을 적용하고 있다. TAMMS는 모든 장비의 획득, 운송, 운용, 분해수리 등 자료 정보를 이용하여 물자의 준비태세 향상과 장비의 획득 및 예산관리 업무를 지원하며, SDC는 체계 운용유지 비용, RAM, 군수지원 등을 위해 주요장비를 표본으로 선택하여 정보를 수집, 분석하여 군수지원분석 및 비용절감과 성능향상에 기여하는 수집체계이다.

정에 반영하여 지속적으로 수행하고 있다.

그러나 한국 육군 관련 규정의 경우에는 야전 운용자료의 필요성과 중요성을 인식하고, 자료의 수집 및 분석, 평가 등에 대해 부분적으로 명문화되어 있으나, 대상 무기체계의 선정방법, 자료식별이나 수집인원, 수행방법 및 처리, 자료관리와 분석, 활용 방법 등과 관련하여 구체화되고 세분화된 기준이 없어 실제적인 업무수행이 곤란한 실정이다. 또한 군수지원 분석의 경우 대부분 개발장비의 전력화평가까지 한정되어 배치, 운용단계에서의 RAM-D 분석에 의한 군수제원의 최신화 미미한 실태이며 중·장기 전력 소요요청 및 체계개발 간 유사 무기체계의 운용제원을 활용하도록 규정하고 있으나, 야전운용제원의 수집된 자료가 없거나 신뢰성이 미흡하며 야전 운영제원의 수집, 처리, 분석, 활용 등에 대해서도 구체적으로 명시되어 있지 않다.

1) 자료구축 실태

우리 군의 경우 야전 운용자료 수집, 분석의 체계구축의 필요성은 인식하고 있으며 장비이력 자료, 장비고장 자료, 장비정비 자료, 장비운용 자료, 장비개선 자료 등을 보급정비 업무 관련 전산 시스템으로 운용하여 왔다. 그러나 야전 운용자료의 수집시 예산 및 인력 소요와 단위부대에서 작성하는 원천자료의 정확성 부족 등으로 체계적이고 실질적인 분석이 곤란하고 자료 활용도 미흡하다.

육군 지상장비의 경우 장비 운영실적 및 유류 소모실적은 월 장비 운행증에 수기로 기록되고 주간 단위로 편성부대에서 이를 전산 시스템(FRMS : 편성자원관리시스템)에 일괄 입력하는 모둠식 관리체제를 유지하고 있다. 각 단계별 정비 실적도 검사 및 작업지시서에 수기로 기록한 다음, 편성부대에서 주간 단위로 전산 시스템(FRMS)에 모듬식으로 입력되므로 원천자료의 정확성과 안전성을 기하기가 어려운 실정에 있다. 또한, 정비제대별 장비 및 구성품 고장원인 및 결함내역, 정비 소요기간, 수리부속 소모실적 및 금액, 주요 구성품 교환실적 및 정비지원 현황, A/S실적 등 많은 제원이 누락되거나 종합적이고 체계적인 관리가 되지 못하고 있다.[72)]

편성군수업무를 수행하는 군수요원의 전문성 부족과 군수업무담당 병사의 빈번한 교체로 편성 자원관리 시스템에 입력되는 월 장비 운행증 및 검작지 자료의 경우엔 자료의 부실로 인하여 전산화 관리 되고 있는 개체장비별 정비기록부 및 장비종합이력기록의 부실화를 초래하고 있으며, 전산 자료철과 병행하여 수기식으로 기록 관리되어 있는 장비 종합이력부도 기록내용에 누락 및 오류가 많으며 원천문서인 검작지, 월 장비 운행증도 1년간 보관하도록 되어 있으나, 부대별 정도의 차이는 있지만 관리부실, 임의폐기 등으로 정비실적의 추적이 곤란한 상황이다. 이러한 원천자료관리 부실로 인하여 현재 소요군에서 운용 중인 자원관리 시스템을 통해서는 미군의 SDC 활동과 같이 체계적인 정량적 분석을 수행하기는 어려운 실정이다.

2) 야전운용자료수집, 적용사례

국내 무기체계의 야전운용자료를 수집하여 분석을 실시한 사례는 K1 전차가 최초다. 이것도 국방과학연구소가 주관하고 현대정공(現 로템)

---

72) 김백현, "종합군수지원(ILS)발전방향"(육군종합군수학교, 군수논문집 제8호, 2007), p.61.

지원하에 초도배치 전차에 대한 야전 운용자료를 수집하여 RAM-D 분석 및 평가를 수행한 것이다. 양산 배치/운용 시점에서는 기술지원 2부사업의 일환으로 초도 및 1차 배치 전차에 대하여 RAM-D 분석 및 평가를 실시하였고 이후엔 업체 자체적으로 야전 운용자료를 수집하고 있다.[73]

K9 자주포는 ILS 최신화 사업에 따라 2001년 4월부터 2003년 12월까지의 야전 운용자료를 수집하여 개발시 RAM DATA를 최신화, 배치장비 초기 고장율 추이분석, 창정비 시점판단 예측등 을 한 바 있으며 이후 K9 후속군수지원 사업으로 RAM 및 LCC, ILS요소 최신화, 야전기술지원 등에 중점을 두고 2006년부터 2008년까지 약 31개월간 예정으로 야전운용자료를 수집하고 고장자료를 데이터베이스화 하고 있다.[74] 천마장비에 대한 야전운용자료 수집은 2005년 12월 창정비요소개발 사업과 병행하여 RAM자료를 최신화 하고 창정비 군수지원분석의 기초자료로 활용하기 위하여 천마 보급교범 목록을 내장한 야전자료 수집용 SW FDCR(Field Data Collection for RAM-D)을 개발하여 야전운용제원 수집에 활용하고 있다.[75] 하지만 이러한 야전운용자료 수집은 SDC 프로젝트로 수행된 작업이 아니며, 전력화 평가 및 후속조치, 후속군수지원를 위한 업무의 일환으로 실시된 것이다.

국내에서 처음 실시한 야전자료수집에 의한 K1전차의 RAM-D 분석

73) 국방부, 「ILS사례집」(서울 : 국방부, 1998), p.20.

74) 삼성테크윈, 「K9 후속군수지원 세부 사업수행계획서」(창원 : 삼성테크윈, 2006), pp.3-4.

75) 진희태, “천마 창정비 야전운용제원 분석방안”, 「종합군수지원 개발세미나」(방위사업청, 2006년 12월), p.28.

결과는 후속 계열차량인 교량전차, 구난전차, K1A1 및 차기전차의 개발 단계의 RAM-D 특성 예측자료로 활용되었으며, 포술 시뮬레이터, 트레일러 및 제독장비 등 유사장비 개발에 대한 RAM-D 예측 기초자료로도 응용되었다. 특히 K1A1 및 차기전차 RAM-D 설계목표 설정의 기준으로 사용 되었으며, 또한 이러한 분석결과를 이용하여 CSP 소요량 산출용 입력자료 도출이나 최적 예방주기 예측 기초자료 산출 그리고 운용유지 부품 소요량 예측 기초자료, 설계평가 및 개선요소 도출지원용 자료나 장비운영 유지비용 산출의 기초자료로서 업체 개발 측면에서는 다양하게 활용되었다. 그러나 결과 산물에 있어서 소요군의 정책부서나 사용자가 실무에 적용되는 산물이 직접적으로 제시되지 않아 정책적인 반영이나 후속 업무추진에 문제점을 안고 있었으며, 지속적인 사업화 추진에 걸림돌이 되었던 게 사실이다.

창정비 시점을 판단한 K9 자주포 분석의 사례로서, 현 운용자료의 분석결과를 근간으로 내구도 수명기준 도달시기를 예측한 결과 고장률 성장분석에서 고장률이 증가하는 시점을 Overhaul 시점으로 판단하여 창정비 시점(주행거리 9,600Km 기준)은 15.45년이며, 엔진 Overhaul 정비시점(엔진가동 1500시간 기준)은 6.14년 이었다는 것을 분석해 낼 수 있었으며 분석결과를 포함하여 창정비 방침을 결정하고 창정비 요소 개발을 추진하였다. 하지만 이러한 분석은 단기간의 야전운용제원의 고장률에 의한 창정비 시점을 판단한 것으로, 보다 신뢰성 있는 고장률 증가 시점 확인을 위해서 추가 자료의 수집 및 확인이 필요할 것으로 판단된다.

앞서 살펴본 바와 같이 야전자료 수집 및 분석과 관련하여 국내 무기체계별 추진사례에서는 자료 수집은 일부 방산업체를 중심으로 수행되고 있으며, 가용예산 등의 문제로 전체 수명주기 동안은 수행되지 못하고 있다. 또한 배치 및 운용단계에서의 자료 수집 및 분석은 자료의 신뢰성과 정확성을 근간으로 모든 업무가 처리되어야 하나, 방산업체가 주도적인 업무를 수행하여, 자료의 검증, 관리/감독 기능이 누락되고 실 운용제원의 왜곡성 문제점도 내포하고 있으며, 소요군이 필요한 결과물 보다는 업체가 필요한 산물에 편중되어 있다. 수집 자료의 데이터베이스와 분석결과에 대한 환류측면에서는 데이터베이스 구축 실적은 매우 저조한 상태여서 신뢰도 예측이나 분석을 위해 필요한 기초 데이터들은 외국의 고장율 DB를 정기적으로 구입하여 적용하고 있다.

야전자료에 대한 경험제원 미비는 결과적으로 개념연구/탐색개발 단계의 LSA에 제한을 주어, 수명주기비용의 대부분이 결정되는 주요단계에서 경험제원 미비로 인해 부정확한 RAM 목표를 설정하게 되고, 외국자료에 지나치게 의존하거나 체계 설계 반영이 제한되어 구체적인 군수지원분석이 곤란하게 되어 결과적으로 ILS 소요 판단에 영향을 주게 되는 것이다. 또한 체계개발단계에서는 설계자료 분석위주로 예측치를 산출함으로써 국내 운용환경을 정확하게 반영하는 것이 곤란하여 정확성이 저하되고, 이로 인해 RAM 분석에 의한 설계반영이 제한되고 정비/보급 소요가 부정확한 것으로 나타나는 악순환이 지속되고 있는 것이다.

제5장

종합군수지원 혁신방안 : 창정비 요소 개발을 중심으로

앞에서 살펴본 바와 같이 육군의 ILS 조직관리, 전문인력 부족 등 업무수행 체계의 미흡과 ILS 업무수행 절차 및 제도는 창정비 요소 개발 사례에서 충분히 보여 지듯이 많은 문제를 가지고 있다. 이것은 무기체계 도입 이후 운영단계에서 고장 증가에 따른 가동률 저하 및 완벽한 창정비시스템 구축에 제한요인으로 작용하고 있다.

점점 더 복잡화, 고가화 되어가는 첨단 무기체계 획득사업 추진시 주장비 자체의 성능뿐만 아니라 전력화 이후의 운용성능 보장, 그리고 효율적인 군수지원이 가능하도록 하기 위한 개선방안을 제시해 보면 다음과 같다.

제1절 ILS 인력운영 및 관리 개선

창정비 요소 개발 사업은 1~5년간 장기사업인데 반하여 현역군인은

1~2년 주기로, 군무원은 승급시 및 보직 5년 주기로 순환 보직이 이루어지고 있다. 1년 이내 보직이 45%나 차지하게 됨으로서 전문성 축적 및 효율적 사업관리에 문제가 드러나고 있다. 이러한 문제를 해소하고 사업관리자의 전문성을 확보하기 위해서는 다음과 같은 대안을 적용 발전시켜나가야 한다.

첫째, 보직자격제도를 도입, 적용해야 한다. 방위사업청은 인력운영 및 관리의 개선으로 전문분야별·직급별 직무수행에 필요한 근무경력, 자격 및 학력, 교육훈련 등 자격요건을 설정하여 2007년부터 2009년까지는 경과기간으로, 기간 내 보직자격 기준을 이수토록 하고 2010년부터는 전면적인 자격보직제도 시행을 목표로 추진하고 있다.[76] 따라서 전문업무 및 사업관리를 수행하는 ILS관련부서의 보직자격을 구체화 하고 사업직위 보임 1년 전에 사전 보직예고를 실시하여 보직이전에 ILS교육 및 사업관리 교육을 이수토록 하여 보직되게 함으로서 인력운용의 효율성과 전문성을 향상시켜야 한다.

둘째, 순환보직제도를 개선하여 전문성을 발휘할 수 있도록 해야 한다. ILS업무 및 창정비 요소 개발에 관련된 직무수행은 장교의 경우 최소 2년은 지나야 어느 정도 독자적으로 업무를 수행할 수 있다. 그리고 군무원의 경우 야전 장비운용부대 보직경험과 무기체계 특성에 관한 이해 부족, ILS업무 특성상 직무수행의 어려움으로 2~3년 정도가 소요되는데 정상적인 업무 수행을 장기적으로 수행하지 못하도록 군무원의 경우 1개 직위에서 5년을 넘지 못하고 순환보직 되도록 함으로써 인력운용 및 전문성을 발휘하는데 장애요인으로 작용하고 있다. 따라서 ILS관련

76) 방위사업청, 「새로운 출발: 방위사업청 1년의 성과와 다짐」(서울: 방위사업청, 2007), pp.133-134.

부서의 군무원은 최소 7년은 근무할 수 있도록 순환보직 제도를 개선하여야 하며 승급으로 인한 보직직위 제한을 극복하기 위해 보직직급은 범위로 지정하는 것이 바람직하다. 예를 들면 7급 직위는 6~7급으로 운용한다면 7급 직위에서 근무 하다가 승급시 다른 부서로 옮기지 않고 현 보직 직위에서 계속 근무할 수 있어 업무수행의 전문성 발휘를 극대화 할 수 있을 것이다.

제2절 ILS 교육체계 혁신

ILS 인력교육은 군 조직의 특성상 ILS업무에만 종사할 수 없고 정기적인 순환보직을 하지 않으면 안되는 현실적인 제한점과 방위산업의 대형화와 무기체계의 첨단화 및 고가화 등으로 인한 획득인력의 전문성 확보와 연계하여 체계적이고 전문적인 교육혁신이 이루어 지지 못할 경우 효율적인 ILS요소 개발과 운용유지비를 감소시키는 것은 불가능하다. 따라서 ILS교육혁신을 위한 대안을 아래와 같이 제시한다.

첫째, ILS교육체계의 획기적 개선으로 현행 ILS교육의 문제점을 보완하고 ILS분야에 대한 전문인력을 양성할 수 있도록 군수교 교육과정을 구체화하고 국방획득관리와 연계해야 하며 창정비 요소 개발분야도 교육에 반영해야 한다. 이를 위해 군수교 ILS교육을 ILS기초과정과 ILS전문과정으로 확대 편성하고 교육내용도 차별화하여 전문성 있는 교육체계를 갖추어야 한다. 아울러 실무와 연계된 맞춤식 교육이 이루어져야 하며 ILS전문과정은 RAM, LSA, LDC 및 SOLOMON SW운용능력, 설계검토, 창정비 요소 개발, ILS사업관리 등 전문분야로 편성하고

ILS관련 직무수행을 뒷받침 할 수 있는 이론과 실무가 겸비 되도록 교육체계가 〈표 5-1〉과 같이 확대 개선되어야 한다.

둘째, 민·군 교류협력을 강화해 나가야 한다. 이것은 ILS요소를 개발하는 업체는 소요군의 특성과 요구사항을 적기 인식하지 못하고 반영하지 못함으로서 ILS요소 개발에 비효율성이 내재된 현상이다. 또한 군내 ILS 개발담당부서는 개발업체의 ILS개발 기법과 절차, 업체의 노하우를 적기 활용하지 못하고 있어 개발업체와 군 ILS개발 담당부서와의 교류협력을 강화하여야 한다. 그 방법으로서 상호 위탁교육의 확대와 각종 세미나 등을 활성화하여 정보교류와 실무교육을 보완할 수 있도록 추진되어야 한다.

〈표 5-1〉 ILS 교육개선

과 정	교육기간	교 육 내 용
ILS 기초과정	3주	ILS업무규정과 체계, 절차, 사례 국방획득관리 소개, 조달체계, 규격/목록
ILS 전문과정	3주	ILS분석업무(RAM, LSA, LDC) 설계검토, SOLOMON SW운용 창정비 요소 개발 ILS사업관리, 국방획득관리

셋째, ILS요소 개발 담당부서의 사업관리능력을 향상시켜야 한다. ILS요소개발, 특히 창정비 요소 개발 사업관리는 군수사 ILS 담당부서에서 요소개발 담당자에 의해 독자적으로 사업을 관리해 나가고 있다. 이러한 사업은 소요제안으로부터 창정비 방침 및 계획(안)의 작성, 중기/예산편성, 설계검토, 시험평가 등 개발절차 전반을 혼자서 사업관리를

해 나가고 있어 전문성과 효율성이 뒷받침되지 못하고 있다. 또한 군수사령부 및 정비기술연구소 등 창정비 요소 개발 부서의 사업관리 전문교육 이수는 전무한 실태로 국방대학교 무기체계사업관리 과정 교육을 이수할 수 있도록 교육계획에 반영해야 할 것이다.

제3절 ILS 기술지원 개선

체계개발시 ILS요소개발 및 창정비 요소 개발은 그 범위가 광범위하고 전문지식을 요구하는 개발분야로 주로 개발기관 및 업체에 의존하여 개발하고 있다. 사정이 이렇다보니 개발요소에 대한 기술검토, 설계검토, 공정간 검토가 극히 미흡하게 이루어진 게 사실이다. 따라서 이러한 문제를 극복하고 전문성 있는 ILS분야 기술검토지원을 위해서는 정비기술연구소의 조직개선과 전문성확보가 시급하다.

첫째, ILS기술지원을 위한 팀제 조직으로 개선해야 한다. 현행 육군정비기술연구소 정비기술개발과내에 무기체계별 담당관 편성의 분산된 인력조직을 팀제로 편성을 전환하여 전문성과 효율성을 발휘할 수 있도록 연구소의 중장기 발전계획과 연계하여 ILS사업관리팀, ILS요소개발 1팀(지원, 시험장비, 공구), ILS요소개발 2팀(기술교범, IETM, 교육, 교보재), LSA팀(LSA/RAM분석, 야전운용제원분석/DB구축), 정비비용분석팀(경제성분석, 수명주기비용, 장비유지비용분석) 으로 개편하여 팀의 효율성과 함께 업무수행의 책임성도 동시에 부여 하여야 한다.

둘째, ILS 인력의 전문성 확보을 위해서는 제2절에서 제시한 교육과 연계된 보직관리를 해야 하고 현역군인은 장기보직이 될 수 있도록 보직관리체계를 개선하여야 하며 민간 전문연구인력이 보직될 수 있도록 개방형 계약제를 확대 시행하여 기술경쟁력을 키워 나가야 한다.

셋째, 소프트웨어관리팀을 신설하여 체계적인 통합관리 체계를 구축해 나가야 한다. 첨단화·정밀화된 무기체계에서의 소프트웨어 비중이 확대되고 창정비요소로 개발되는 각종 시험장비의 내장형 소프트웨어는 체계 성능보장을 위한 핵심요소가 되고 있다. 그러나 과거에는 소프트웨어(Software)를 단순한 구성품으로 보는 하드웨어(Hardware)중심 사고에서 크게 벗어나지 못해 내장형 소프트웨어를 효율적으로 획득/관리하기 위한 제도적인 기반 구축 및 관련 전문인력 확보가 미비하였고 주로 개발관리, 산출물 작성 등과 같은 기술적인 측면에 치우쳐 업무를 추진해 왔다. 앞으로 내장형 소프트웨어 업무의 체계적이고 지속적인 발전을 위해서는 정책/제도/기술 등 제반 고려요소를 포괄하는 종합적인 접근과 중·장기적인 계획 수립이 필요하고, 정비기술연구소 내에 소프트웨어관리팀을 신설하여 무기체계 개발 및 시험장비 개발 간 상호운용성과 확장성을 보장하고 소프트웨어의 유지보수를 위한 기반기술의 개발과 장비운용부대의 소프트웨어 기능고장을 전문적으로 지원할 수 있는 체계구축 등 내장형 소프트웨어 정비체계 및 통합관리 체계를 구축해 나가야 할 것이다.

넷째, 육군 정비기술연구소는 군 및 민간 전문인력 확보를 위한 개방형계약제 제도도입과 연구결과 산물에 대한 지적재산권 확보, 연구성과에 대한 인센티브 부여, 산·학·연 기술협력체계를 구축하여 기술교류 및 공동개발을 통한 예산절감을 추진해야 한다. 또한 업체주도 창정비요소 개발 사업을 단계적으로 연구소에서 독자적으로 수행할 수 있는 체계와 능력을 갖추어야 하며 방위사업청 선행연구사업에 주도적으로 참여할 수 있도록 중·장기발전계획을 수립하여 추진해야 한다. 따라서 국가 공인 연구기관으로 인증을 받아 기술개발 및 연구성과에 대한 공신력을 확보하여 명실상부한 육군의 정비기술에 대한 최고 권위의 연구소로 발전되어야 할 것이다.

제4절 창정비 요소 개발 혁신

1. 창정비 요소 개발 인식 전환

창정비 요소 개발의 혁신을 위해서는 ILS 개발 조직 및 부서와 병행하여 무기체계 연구개발 관련기관의 일대 인식의 전환이 요구된다. 주장비 전력화에만 노력의 집중을 기하고 창정비요소 개발을 통한 창정비 시스템 구축을 등한시 할경우 현재의 상태를 벗어나지 못할 것이다. 무기체계 개발 업체는 체계개발이 완료되면 ILS 조직을 대폭 축소시킬 것이 아니라 '후속군수지원'(PPS)에 관한 마인드를 정립해야한다. 특히 주장비 개발 못지않게 장비의 성능 보장과 전투력 유지에 대단히 중요한 창정비 요소 개발에 많은 노력을 투자해야 한다. 그리고 개발업체의 경우 경영이념으로 고객만족 경영을 추구하고 있다. 그렇다면 소요군의 요구사항을 정확하게 식별하고 창정비 요소 개발에 반영하여 고객만족 경영이념을 구현할 수 있도록 해야 할 것이다.

2. 창정비 요소 개발 소요예산 검토 체계 정립

개발업체가 제시하는 창정비 요소 개발에 대한 소요예산의 적정성 검토는 최소의 비용으로 최적 창정비 요소를 개발하여 국방예산을 절감할 수 있는 대단히 중요한 요소이다. 개발비 산정시 많은 구성요소와 각각의 구성요소별 업체가 제시하는 개발비와 관련된 방대한 자료를 가지고 짧은 시간에 타당성을 검증하기란 상당한 어려움이 있을 것이다. 또한 육군 군수사 창정비 요소 개발 담당부서에서 정확히 검증하지 못하는 부분과 제도적 보완으로 소요군에서는 분석평가단에서 비용분석업무을 지원하고 있으며 방사청 계약관리본부에서도 계약 체결시 별도 원가 산정을 검토하여 개발업체와 계약을 체결하여 창정비 요소 개발 사업을 추진하고 있다. 하지만 최초 소요제안 부서에서 업체가 제출하는 개발 예산 소요를 검증하고 보완하는 시스템이 무엇보다 중요하리라 본다. 왜냐하면 창정비 요소 개발 기간이 1~5년으로 사업기간이 길고 사업관리를 수행하는 실무자가 정확히 알고 사업을 관리해 나가는 것이 보다 효율적이기 때문이다.

따라서 사업을 담당하는 실무자가 업체가 제출하는 개발 소요 예산 판단 자료와 근거를 이해하고 불필요한 부분을 개발 대상에서 제외하여 예산을 절감하는 등 창정비 개발 요소별 세부적인 개발절차와 투입예산 등을 이해하고 검토할 수 있는 능력을 구비하는 것이 선결 요건이다. 또한 제도적으로도 개발 업체가 제시하는 원가 산정 자료의 신뢰성을 입증할 수 있는 세부요소와 관련 자료 항목을 요구하고 이러한 사항을 사업관리 절차 규정에 반영하여 제도화함으로써 업체를 통제하고 예산분야에 대한 관리가 가능할 것이다. 창정비 요소 개발 비용은 용역원가 계산에 적용하여 개발비를 산정하여야 하나 방산물자 제조원가 산정 규칙을 적용하고 있어 용역원가 계산에 관한 전문연구기관의 연구가 이루어져야 하며 창정비 요소 개발에 대한 개발예산 산정 절차를 보완해야 할 것이다.

3. 창정비 요소 개발 표준절차 및 표준문서 정립

신규무기체계 획득시 ILS 요소개발 표준절차는 무기체계 개발과 동시에 개발되고 있어 관심이 증대되어 있고 세부 표준적인 ILS 요소개발 절차가 무기체계 획득단계별로 표준절차가 정립되어 업무를 추진하고 있으며 세부 절차는 〈그림 5-1〉과 같다. 그러나 창정비 요소 개발 표준절차는 신규개발 및 도입되는 무기체계 장비에 대한 창정비(군직, 외주, 해외)를 수행할 수 있도록 소요 제안시부터 창정비 계획을 포함하고 국방중기계획의 반영과 창정비 요소 개발 계약이 이루어진 이후 세부 개발 절차에 대한 표준 업무 절차가 정립되어 있지 않고 문서화 되어 있지 않아 요소개발을 담당하는 사업관리자에 의해 일부 절차를 누락하여 적용하는 등 체계적인 창정비 업무를 수행하지 못하고 있다. 이러한 요인에 기인하여 각각의 창정비 요소 개발 사업이 표준화되어 관리되지 못하고 많은 시행착오를 겪고 있다.

따라서 창정비 요소 개발 표준절차를 획득단계의 배치 · 운용시에 구체화하여 정립하였는바 체계개발 단계 말에서 창정비계획서가 작성되고 수립되어야 하며 무기체계 장비가 야전에 배치되어 운용 중에 창정비 도래주기에 개발 및 획득이 가능하도록 국방중기계획 반영 순기를 고려해 창정비 방침 및 계획을 전력화 배치 전에 결정해야 한다. 이렇게 결정된

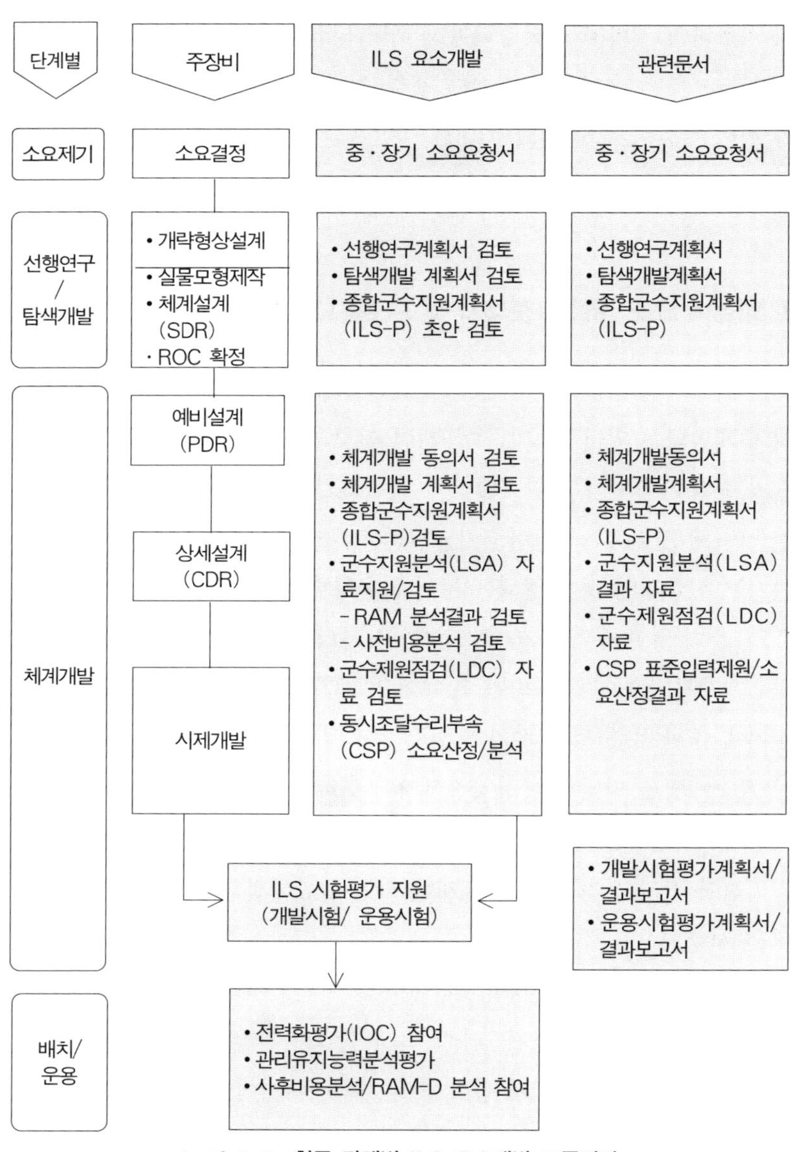

〈그림 5-1〉 획득 단계별 ILS 요소개발 표준절차

출처 : 육군본부, 「종합군수지원 실무지침서」(대전 : 육군본부, 2007), p.31

창정비 방침 및 계획에 근거하여 창정비 요소개발 계획을 국방중기계획에 반영 해야 한다. 국방중기계획에 사업을 반영하고 사업 추진을 위한 계약을 추진시 소요군은 시험장비, 특수공구에 대한 군 요구사양서를 작성하여 기술품질원 등 기술검토를 받아 개발업체에 제시하게 되면 개발업체는 시험장비 제작사양서와 창정비 요소에 대한 업체 개발 계획서를 작성하고 방위사업청에서는 개발계획서를 검토하여 계획을 보완 후 계약을 체결하게 된다.

사업계획이 완료되면 창정비 요소에 대한 구체적인 개발계획과 사업관리 방향, 시험평가 등을 계획하여 사업관리계획서를 수립하여 사업착수회의를 실시하고 이후 개발계획 일정에 의해 군수지원분석(LSA)에 의한 군수제원점검(LDC)과 설계검토회의, 제작공정 확인 및 개발 완료 후 개발시험평가와 운용시험평가를 실시하게 된다. 이후 개발이 완료된 창정비에 필요한 기본 요구 조건(시설, 장비, 인원, 기술자료 등)을 획득하여 직접 창정비를 실시하는 과정에서 돌출되는 문제점과 보완사항을 분석하여 정비창의 합리적인 창정비 공정 표준을 산출해 내는 시제창정비를 수행한다. 이와 같은 창정비 요소 개발 표준절차를 〈그림 5-2〉와 같이 정립하였다.

사업관리자의 잦은 교체와 신규 보임시 업무파악 시간의 과다한 소요가 발생되고 핵심업무별로 준비하고 확인하여 양질의 사업관리를 진행하는데 있어 어려움을 극복하기 위해서는 창정비 요소 개발 표준절차의 주요 문서를 표준화시키고, 또 실제 업무수행간 적용을 통한 업무 정예화를 위해서 문서 표준화가 반드시 이루어져야 한다.

현 육군의 창정비 요소 개발 사업에 관련된 핵심업무별 주요 표준화 대상 문서로 사업계약체결 이전 표준문서 8종, 사업착수 이후 요소개발

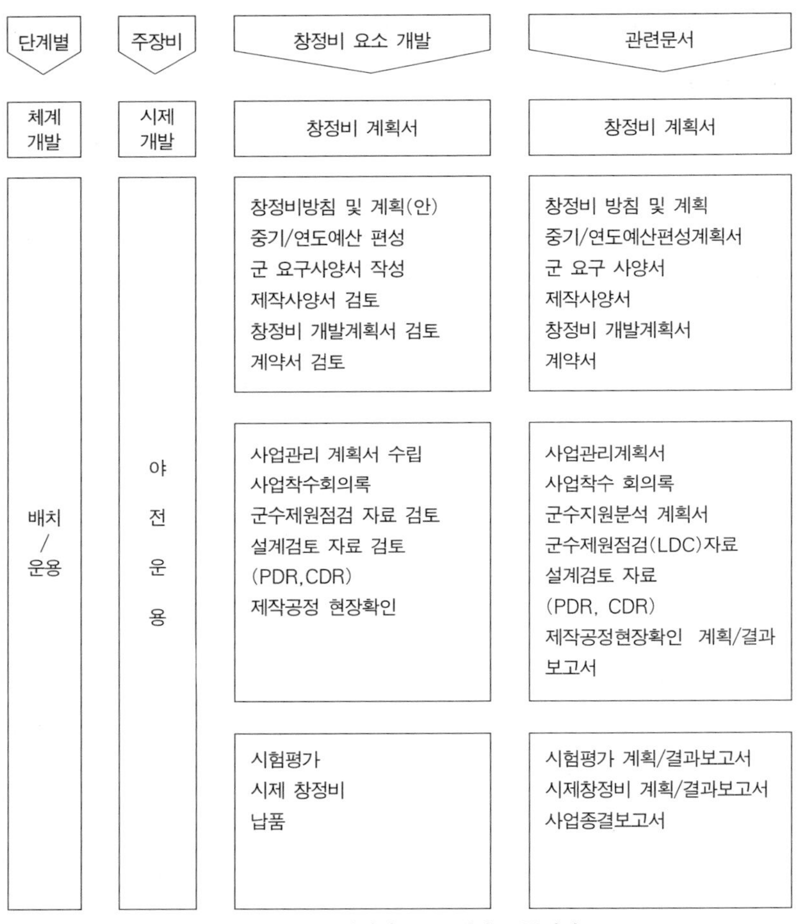

〈그림 5-2〉 창정비 요소 개발 표준절차

간 표준문서 20종, 개발완료 이후 및 납품단계 표준문서 1종 등 총 29개 문서로 검토 조정하여 통합시켰으며 핵심 업무수행 절차에 따른 표준문서는 〈표 5-2〉와 같다.

아울러 직무수행 간 수행한 몇 가지 문서에 대한 표준안을 아래와 같이 제시한다.

〈표 5-2〉 창정비 요소 개발 문서 표준화 목록 현황

구 분	계약이전	개발진행	개발완료
종	8	20	1
문서	• 창정비계획서 • 창정비 방침 및 계획 기초자료수집/검토 • 창정비 방침 및 계획 • 국방중기계획 소요제안 • 시험장비 군 요구 사양서 • 시험장비 제작사양서 • 업체 개발계획서 • 창정비요소 개발 계약서	• 사업관리계획서 • 사업착수회의 • 연도예산편성 소요제안 • 운영유지예산 반영 • 요소개발 장비 대여 • 군수지원분석계획서(LSAP) • 군수제원점검(LDC) • 예비설계검토(PDR) • 상세설계검토(CDR) • 시험장비 제작설명회 • 제작공정 확인 • 특수공구 적용성 검토 • 시설공사 • 교육훈련 • DMWR 검토 • 시험평가준비(TRR) • 개발시험평가 • 운용시험평가 • 목록화 • 시제창정비	• 납품 및 인수결과

1) 사업관리 계획서

기존의 사업관리 계획서는 업체의 개발 계획 위주로 작성되어 창정비 요소 개발 사업담당자 및 실무자 교체시 일관성 있는 사업관리에 많은

혼란과 제한사항이 발생되고 있다. 따라서 사업관리 기관의 입장에서 창정비 요소 개발에 대한 개발방향과, 지침, 범위, ILS 11대 요소별 개발계획의 구체화, 품질관리 및 보증, 사업추진계획 및 요소별 사업관리 방향 및 중점, 의사결정 협의체 운영, 활동목록표, 시험평가 및 시제창정비를 망라하여 계획을 구체화 하여 해당 요소개발 사업의 기본계획서로 활용해야 한다. 이러한 사업관리계획서는 〈표 5-3〉과 같이 주요 구성요소를 포함할 수 있도록 하고 사업추진을 위한 종합일정계획이 구체화 되어 사업관리계획서에 포함되어야 한다.

〈표 5-3〉 사업관리 계획서 표준안

Ⅰ. 사업개요	Ⅱ. 업체 개발계획서
Ⅲ. 사업관리 계획	Ⅳ. 시험평가 계획
부록 #1. 창정비 개발 대상품목 목록	
#2. 창정비 개발 세부 추진일정계획	
#3. 군수지원분석(LSA)	
#4. 창정비작업요구서 납품 목록	
#5. 시험장비 납품 목록	
#6. 특수공구 납품 목록	
#7. 시험장비/특수공구 군 요구사양서	
#8. 시험장비/특수공구 제작사양서	
#9. 시험평가 점검표	
#10. 용어/약어	

출처 : 육군군수사령부, 「K1A1전차 사격통제장치 창정비 요소개발 사업관리계획서」(부산 : 육군군수사령부, 2006).

2) 시험장비 설계검토

'설계'(Design)는 추상적인 것을 사실적인 '형상'(Configuration)과 기능을 보유한 생명체로 진화시키는 과정이며 고객의 요구조건을 만족시키기 위한 구체적인 활동이다. 설계 초기단계에서 시스템을 정의하고, 시스템 운용조건, 정비개념, 개발가능성, 기술적 성능 등의 요구조건을 분석하는 업무를 수행한 결과를 규격서에 반영하며, 그 다음으로 기능분석을 통해서 각 설계분야별로 요구조건과 기능을 할당하게 되면 각 설계분야는 할당받은 요구조건과 기능을 총체적으로 구현할 수 있는 서브시스템 및 구성품 규격서를 생성한다. 이러한 설계과정 속에서 점검과 균형(Check & Balance)의 필요성이 강조되며 점검과 균형(Check & Balance) 기능은 설계검토회의를 통해서 이루어지며 초기에 문제점을 발견할수록 설계변경 비용이 적어진다.[77]

창정비 요소 개발시에는 시험장비 개발 간 많은 예산이 투자되고 개발된 시험장비는 창정비 수행 간 체계 및 주요 구성품의 성능검사 등 창정비 완료 후 품질을 보장하는 수단으로서 매우 중요하게 활용되고 있다. 그러나 이러한 시험장비를 설계하고 개발하는 과정을 보면 설계검토에 대한 규정 및 지침이 없이 사업담당 실무자에 의한 편의 위주 업무를 추진하고 있고 개발 업체 간 설계검토 자료 준비 사항이 각종 적용 기준과 작성항목, 양식 등이 개발업체 주관에 맞게 작성되고 있어 소요군에서 요구하는 성능 발휘 여부 검토가 사실상 어려운 것이 사실이다.

미군의 시험장비 정비/보급규정(AR 750-43)의 예를 보면 시험장비와 관련하여 선정 및 개발관리, 배치에 따르는 전 과정에 미육군이 계획하고 관리하는 체계를 구축하여 시험 및 정비장비 개발시 표준화를 유도하고 관리하여 전체적인 비용절감과 효율화를 도모 하고 있다.

그러나 우리 군의 현실은 체계화 되어 관리 되지 못한 실정이다. 따라

77) 이희우 · 김형준 · 오세창 · 이재규, 「실전시스템 엔지니어링」(서울 : 청문각, 2007), p.88.

〈표 5-4〉 예비/상세설계 구성 표준안

구 분	예비설계자료	상세설계자료
주요 포함 요소	• 시험장비 개요 • 시험 대상품목 • 군 요구 사양 • 시험항목/절차 • 시험항목/절차 세부 수행방안 • 시험개념/특징 • 세부 시험장비 제원 • 시험장비 세부 구성도 • 시험장비 기능 블록도 • SW 개발 및 운용방안 • 중요요소 시험방안 • 개발 추진계획 • 토의 과제	• 시험장비개요 • 시험대상품목 • 군 요구사항 • 시험장비 구성 - 설계목표 - 시스템 구조 및 운용방안 - 시스템 계통도 - 장비제원 - 시험장비실 운용조건 • 중요 구성품 개발 방안 • 중요 시험방안 • SW 개발방안 • 필수 유지품목 • 추진 계획 - 제작/공정확인 일정 - 운용(정비)지침서 작성계획 - 운용시험평가전 교육 - 운용시험평가/보완 • 첨부자료 - 시스템 구조 - 시스템 계통도 - 기술 도면

서 예비설계와 상세설계 목적에 부합된 군 요구사항 구현과 시스템 성능 구현방안을 구체화 할 수 있도록 검토하여 〈표 5-4〉와 같이 시험장비 예비/상세설계검토 자료 구성 표준안을 제시 하였다.

3) 군수지원분석계획서(LSAP)

군수지원분석의 목적은 아래와 같다.

군수지원분석은 무기체계 수명주기 동안에 군수지원 요소를 확인, 분석 및 구체화 하는 활동이다. 획득단계별로 주장비의 지원체계를 결정하는데 필요한 정보를 제공하며 해당 무기체계의 운용유지비용을 최적화시키는 동시에 무기체계운용시 지속적인 군수지원이 이루어 질수 있도록 보장하는 종합군수지원업무의 실체적인 활동이다. 군수지원분석을 통해 지원체계의 요소를 분석, 평가함으로써 다음과 같은 목적을 달성하기 위해 정량적, 정성적 업무분석을 실시한다.

- 군수지원 소요의 최적화
- 불가동시간의 최소화
- 지원 및 운용유지 비용의 최소화
- 지원체계의 단순화, 호환유지
- 정비업무 분석으로 군수지원요소의 식별, 개발 및 획득

창정비 군수지원분석은(Depot LSA)은 시제품 개발시 개발되어 있는 사용자 정비부터 일반지원정비의 군수지원요소를 최신화 하고 창정비 계단에 대한 군수지원요소를 개발하여 최적의 군수지원체계 를 획득, 유지하는 것이다.[78]

이러한 LSA업무를 통제하고 관리하기 위해서 사용될 과정과 절차를 문서화한 계획서가 LSAP로써 창정비 요소 개발 간 작성되고 업무통제를 실시하는 실태는 극히 미흡한 실태로, 필자는 창정비 요소 개발 간 실시하는 LSA를 어떤 업무절차를 통해 수행하며, 업무를 완성시키기 위해

78) 육군군수사령부, 「K1A1전차 사격통제장치 창정비 군수지원분석계획서(LSAP)」, p.13.

〈표 5-5〉 IPR Package 자료

· 군수지원분석 요약자료 · LCN Family Tree · 일반분해목록(GBL) · 고장유형영향 및 치명도 분석(FMEACA) · 신뢰도 중심정비(RCM)분석 · 정비업무분석서 · 정비계단 선정자료 · RAM Matrix · 도면분석자료

서 필요한 정보와 출력자료가 LSA 목적을 만족시키기 위해 어떻게 활용될 것인가를 기술하고, ILS 요소개발 활동을 통합할 수 있도록 ILS HANDBOOK[79]을 적용하여 포함요소와 전개순서를 정립하였다.

LSA 수행과정으로 분석품목에 대한 LSA 결과를 바탕으로 소요군의 운용정비업무 요구조건 및 정비업무 소요를 관련기관과 협의를 통해 타당성을 검토하는 군수제원점검(LDC)을 통해서 최적화시켜 나가고 있으며 표준 SW인 LOADERSⅡ를 기준한 공정간검토(IPR Package)의 검토자료는 〈표 5-5〉와 같으며, 군수제원점검(LDC) 회의 간 주요 검토사항은 다음과 같다.

- 근원정비복구성부호의 적절성
- 정비업무부호(Task Code) 부여의 적절성
- LCN 번호 부여의 타당성
- 계획정비, 비계획정비에 대한 정비인시 선정의 타당성

79) James V. Jones. *op. cit*.

- 고장유형영향 및 치명도 분석결과의 타당성
- 특수공구 및 시험장비의 선정의 타당성/유사체계의 호환성
- 정비할당표의 적절성
- 표준화 및 호환성에 대한 설계반영결과
- RAM Matrix 제원의 일치성

특히 군수지원분석 통합시스템(SOLOMON : SOftware for LOgistic analysis MOdels Next generation)개발시 IPR Package자료의 종류와 양식을 보완하여 2007년 9월부터 개발관련기관에서 활용하고 있다. 주요한 양식을 변경한 사례는 군수지원분석 요약자료에는 형상변경정보를 관리할 수 있도록 형상변경 항목과 창정비시 식별이 요구되는 OIP품목 여부를 식별할 수 있도록 항목을 추가 하였다.

또한 일반분해목록에 제원점검시 필수적으로 참조해야 할 품목의 단가정보를 8개의 범위[80])로 구분하여 항목을 추가하고 DMWR 개발시 형상변경과 OIP를 추가하여 별도 양식으로 출력하여 활용할 수 있도록 하였다. 정비업무분석서에는 해당 품목의 필수교환품목 여부를 식별하여 적용할 수 있도록 추가 하여 보완하였다.

창정비 요소 개발간 적용할 LSA 출력보고서(28종)의 선정기준과 활용방안을 〈표 5-6〉과 같이 LOADERS Ⅱ를 이용하여 출력한 IPR Package에서 내용 확인이 가능한 보고서를 제외한 14종으로 선정하여 업무효율성과 예산을 동시에 절감할 수 있도록 구체화하여 K1A1 전차

80) IPR Package의 주요자료에 단가정보를 수록하여 자료 검토시 경제성과 타당성을 검토할 수 있도록 반영 하였으며 세부적인 단가정보는 A : 10만원 이하, B : 10-50만원, C : 50-100만원, D : 100-500만원, E : 500-1000만원, F : 1000-5000만원, G : 5000-1억원, H : 1억원 이상으로 적용한다.

사격통제장치 군수지원분석계획서(LSAP) (2007. 2. 1. 육군군수사령부)를 창정비 요소 개발 LSAP 표준문서로 발전시켰다.

〈표 5-6〉 군수지원분석보고서 획득목록

구 분	전체목록	선정목록	미선정
내 용	28종	14종	14종

4) 창정비작업요구서(DMWR)

창정비를 수행하기 위해 갖추어야 할 중요한 요소 중의 하나가 창정비 수행절차와 정비지침 즉 완전분해수리(Overhaul)와 조립을 위한 세부 기준과 검사방법, 품질보증절차 등을 구체적으로 기술한 기술교범 즉 창정비작업요구서이다.

창정비작업요구서는 군 자체 정비창에서의 5계단 창정비 수행의 기준이 되고 외주정비시에는 군에 의한 품질검사의 기준을 제공하고 있다. 따라서 우리 군에서는 기술교범 국방규격서로 규격화하여 기술교범을 작성할 수 있도록 규정화 하고 있다.

기술교범 국방규격서를 만족시키고 정비현장 작업자의 활용성 극대화를 위해 정비기술연구소의 의견 수렴을 거쳐 〈표 5-7〉과 같이 개선 보완하여 적용하고 있다.

〈표 5-7〉 창정비작업요구서(DMWR) 구성

장	절	항	비 고
제1장 총론	제1절 개요	1. 범위 2. 정비양식 및 기록 3. 장비 개선 건의 및 보고 4. 기술변경 제안서 5. 완화 및 예외 규정 6. 종합 정비 체계도(추가) 7. 기술교범 발간 체계도(추가)	
	제2절 장비설명 및 제원	1. 장비 설명 2. 장비 제원판 3. 장비 제원	
	제3절 전시 창 운용 요구조건	1. 개요 2. 전시 창 운용 요구조건	부록수록
제2장 기술지원 요구조건	제1절 지원품목	1. 시설 2. 특수공구 및 장비	
	제2절 수리부속품	1. 시한성 품목 및 완전분해 수리 주기 품목 2. 필수교환품목 3. 수리부속품 4. 수정 작업 지시	
	제3절 표준서	1. 물자품질 2. 정전기 방지	
제3장 예비고장 분석	제1절 개요	1. 양식검사 2. 포장해체 3. 외관검사 4. 세척 5. 시험 6. 임시 보존 및 보호 7. 특수취급 및 폐기절차	
	제2절 예비고장 분석 점검표	1. 개요(추가) 2. 예비고장 분석점검표(추가)	세 항 구 분

장	절	항	비 고
제4장 완전분해 수리 작업	제1절 개요	1. 배열 2. 범위 3. 참고문헌 4. 안전 5. 공정중 검사 6. 공차, 마모/부식한계, 우력값 조정 6. 진단 및 자동 시험장비 7. 일반 정비지침	
	제2절 완전분해 수리대상 품목명	1. 개요 2. 제거 3. 분해 4. 세척 5. 검사 6. 필수교환품목 7. 수리 및 교환 8. 재생	
	제3절 최종 조립 및 시험	1. 개요 2. 조립 3. 검사 4. 주유 5. 시험 및 성능검사 6. 오일분석 7. 최종 도색, 마무리, 표식	
제5장 품질보증 규정	제1절 개요	1. 책임 2. 정의 3. 검사 및 시험장비 4. 검정 요구사항 5. 품질보증 계획	
	제2절 검사 요구조건	1. 초기 수리검사 2. 공정중 검사 3. 수락 검사	

<table>
<tr><th>장</th><th>절</th><th colspan="2">항</th><th>비 고</th></tr>
<tr><td>제6장
보존, 포장 및 표식</td><td>제1절
개요</td><td colspan="2">1. 개요(추가)
2. 보존(추가)
3. 포장 및 표식(추가)</td><td>세항
구분
추가</td></tr>
<tr><td colspan="3">부록 1. 참고문헌</td><td></td><td></td></tr>
<tr><td colspan="3">부록 2. 정비할당표</td><td></td><td>추가</td></tr>
<tr><td colspan="3">부록 3. 연구추진경과 및 주요변경사항</td><td></td><td>추가</td></tr>
<tr><td colspan="3">부록 4. 수리부속품 및 특수공구 목록</td><td></td><td></td></tr>
<tr><td colspan="3">부록 5. 소모성 보급품 및 물자 목록</td><td></td><td></td></tr>
<tr><td colspan="3">부록 6. 전시 창 운용조건</td><td></td><td></td></tr>
<tr><td colspan="3">부록 7. 회로도, 배선도 및 DATA BOOK</td><td></td><td rowspan="2">별권으로
발간 추가</td></tr>
<tr><td colspan="3">부록 8. 특수공구 사용 설명서</td><td></td></tr>
<tr><td colspan="3">부록 9. 시험 점검표</td><td></td><td>추가</td></tr>
<tr><td colspan="3">• 그림 색인
• 용어 색인
• 표 색인
• 용어해설
• 약어목록
• 상호참조 목록</td><td></td><td>추가</td></tr>
</table>

5) 수리부속 형상정보 구축 체계 개선

육군군수사령부에서는 2004년 4월부터 각 기능과 품목담당관의 취급품목에 대한 부품의 특성과 기능의 이해, 형상의 식별, 품목의 효율적인 관리를 위해서 전산품목관리철에 형상에 관한 정보를 구축하여 활용하고 있다. 형상정보 구축시 보급창 및 정비창에서 수리부속의 형상을 디지털 사진을 촬영하여 기능과로 보고후 전산자료철에 전자 바인드화하여 구축하고 있으나, 이러한 형상정보 구축절차는 해당되는 수리부속

이 있을때 개별 실무자에 의해 일일이 작업을 해야 하는 절차로 복잡하고 비능률적으로 실시되고 있다.

이러한 절차를 개선하여 효율적이고 체계적인 형상정보를 구축하기 위해서 무기체계 개발 및 창정비 요소 개발시 형상정보를 동시에 확보하여 구축할 수 있도록 목록화와 연계하여 2007년 7월부터 다음과 같이 개선하였다. 첫째, 신규 무기체계 개발시 1~4계단 수리부속 형상정보를 구축한다. 이러한 절차는 무기체계 개발과정의 기본계획문서에 형상정보구축을 동시에 할 수 있도록 체계개발동의서(LOA), 종합군수지원계획서(ILS-P), 창정비계획서에 반영하여 추진하고 있다. 둘째, 창정비 요소 개발시 수리부속(5계단 품목) 형상정보 자료를 획득후 기능과에 제공하여 구축한다.

〈표 5-8〉 형상정보 구축 양식

순위	조립수준	LCN	ALC	유형	품명	부품번호	TM FGC	수량	단위	SMR	MT BF	단가	OI P	형 상

이러한 절차는 창정비 요소 개발 사업을 관리하는 사업관리자에 의해 업체 개발계획서 및 사업관리계획서에 반영하여 추진하고, 형상정보자료는 〈표 5-8〉과 같은 양식으로 전 품목을 대상으로 책자 및 CD자료로 확보하여 업무수행의 효율성을 극대화 하였다.

4. 창정비 요소 개발 통합관리 체계 구축

현재 창정비요소 개발 업무 환경에서 시급히 개선해야 할 사항은 '정보의 공유' 문제이다. 향후 무기체계는 합동성 · 안전성 · 통합성을 발휘할 수 있도록 개발이 요구되고 있으며 현 야전 배치 운용중인 장비도 복합 무기체계로 개발 운용되고 있다. 그런데 우리군의 경우 창정비 요소 개발 간 각 무기체계 범주별로 전혀 정보의 공유가 이루어지지 않아 개별 무기체계만을 고려하여 창정비 요소가 개발 되고 있는 실정에 있다. 이 때문에 중복개발로 인한 예산낭비 요인이 상존하고 있고, 무기체계별 창정비 요소 간 호환성 · 연동성 · 표준화 등이 미흡한 실정이다.

따라서, 창정비 요소 개발 소요제안 부서에서는 기 개발된 무기체계는 물론 향후 개발될 무기체계 등을 망라하여 기능 · 무기체계 범주와 상관없이 전반적인 로드맵을 작성하고 이 가운데 호환성 · 표준화 · 통합성을 달성할 수 있는 요인을 식별하여 소요에 반영해야 한다. 특히, 창정비 요소 개발분야는 시험 및 정비장비, 공구, 수리부속 등 조금만 신경 쓰고 정보를 공유하면 표준화 및 호환성을 달성할 수 있는 요소가 많이 있기 때문에 예하 제대부터 '기능별 벽을 허무는 작업'과 마인드가 구축되어야 할 것이다.

1) 창정비 요소 개발 소요제안 점검표

창정비 요소 개발 실태를 확인해 보면 어떤 이유에서건 무기체계 성능을 제대로 발휘하는데 절대적으로 필요한 창정비 요소 들이 가끔 누락된 것을 확인해 볼 수 있다. 구체적인 사례는 여기서 일일이 열거를 하지 않더라도 모두가 공감할 수 있으리라 판단된다. 이유야 어떻든 간에 이는 소요제안 부서에서 확인을 제대로 하지 않은 책임을 전가할 수 없는 것이다. 따라서 정비창의 운영실태, 창정비 완료 후 성능발휘 평가 등에 따른 추가 조치사항들을 면밀히 확인하여 그런 현상이 반복하여 발생하지 않도록 하는 것이 중요하다. 하지만 정비창 운영실태나 창정비 완료 장비의 야전 성능 발휘 및 품질 불만족 사항의 결과들이 소요제안 부서에 피드백 될 수 있는 제도적 장치가 구축되어 있지 않은 관계로 발생된 문제점을 확인하고 이를 개선하는데 많은 어려움이 있다. 따라서 각 부서별 업무의 연계성을 다시 한 번 정립해 볼 필요가 있고, 소요제안 부서에서는 이를 토대로 창정비 요소 개발 소요제안 점검표를 작성하여 표준화하고 적용하여야 하며 또한 소요제안 이전 창정비를 수행중인 유사 무기체계나 업체의 생산 현장 무기체계의 운영실태를 실사하여 누락요소가 발생하지 않도록 체계화 하여야 한다.

2) 통합관리 체계 구축

창정비 요소 개발 부서 내 각각의 무기체계에 대한 창정비 요소를 담당자 1인이 창정비계획서 검토로 부터 최종 창정비 요소 개발 결과에 대한 시험평가와 시제창정비에 이르기까지 4~5년의 기간 동안 3~4번의 사업담당 실무자가 교체 되면서 사업이 관리되고 있고 유사 무기체계 창정비 요소 개발과 정보교류 및 통합개발의 제반 여건 구비가 안되어 있는 조직구조로 이루어져 있어 즉 각 장비별 독립적으로 요소개발을 수행하고 있고 통합이 이루어지지 않아 정보가 공유되지 못하고 중복 개발과 개발이 표준화 되지 못하는 등 많은 문제점이 발생되고 있다. 아울러 방위사업청 조직 또한 각 장비별 사업팀별 IPT로 구성되어 각 IPT간 개발 소요 및 개발 내용에 대한 상호호환성 및 통합 개발 등의 검토가 이루어지지 않아 창정비 요소 개발이 각 장비별로 이루어지게 되는 문제를 반복하고 있다.

또한 향후 군사력 구조를 정보・기술집약형 질적 첨단 군사력 구조로 전환하기 위해서는 첨단 복합무기체계 개발과 운용은 필수적으로 요구된다. 아울러 이러한 첨단 복합무기체계의 창정비를 위해서 육군은 정비창을 무기체계별 공장운영 체계에서 화력체계, 동력궤도, 기동체계, 통신전자, 항공기, 유도무기 정비단의 시스템별 정비체계로 전환을 추진하고 있다.[81]

따라서 창정비 요소 개발에 대한 통합관리가 될 수 있도록 개발관련 조직을 팀제로 재편하여 개발 업무에 대한 효율성과 유연성을 발휘할 수 있도록 하여야 한다. 현행 장비별 창정비 요소개발 체계를 통합사업관리팀, 군수지원분석(LSA)지원팀, 시험장비/특수공구 개발팀, 기술교범/교육개발팀으로 편성하여 각각의 무기체계별 사업관리를 통합하여 개발소요의 호환성과 상호운용성을 고려 통합개발을 추진함으로써 중복개발을 방지하고 개발소요를 최적화 할 수 있을 것이다. 이를 기초로 하여 현 정비창의 정비시스템 구축 현황을 정확히 관리 유지하여 향후 창정비 요소 개발 전반에 관한 로드맵(Road Map)을 설정해 추진해 나가야 할 것이다.

5. 야전운용자료 수집/분석 활용체계 구축

우리 군은 무기체계의 운영실적 자료를 체계적으로 수집 및 분석, 환

81) 육군본부, 「정비종합발전계획」(대전 : 육군본부, 2007).

류(Feed back) 시키는 업무가 미흡하다. 이는 종합군수지원의 구조적 문제점중 하나로 지적되고 있다. 신뢰성을 예측하는 방법에는 체계 개발단계에서 설계를 바탕으로 공학적으로 예측하는 방법과 운용단계에서의 실제 운용결과인 운용실적자료를 수집하여 RAM과 LSA 실시하고 구체적인 창정비 요소개발 소요를 도출하게 되는데 상호보완적인 관계로서 어느 하나라도 부실할 경우 예측한 신뢰성은 부정확할 가능성이 매우 높다고 할 수 있다. 현재 우리 군의 신뢰성 예측 업무는 주로 개발단계에서 RELEX SW를 활용하여 설계를 바탕으로 공학적으로 예측하는 방법에 치우쳐 있으며 야전운용제원을 수집 및 분석하여 통계적으로 예측하는 업무는 매우 미흡한 실태에 있다.

국내 무기체계 개발여건과 운용단계의 유지비용 증가 등으로 야전 운용자료 수집 및 분석 업무가 필수적이며 운용경험제원을 이용한 분석기법에 대한 연구발전의 병행 추진이 절실히 요구된다. 따라서 무기체계 운용능력의 최적화, 최적 창정비요소 개발, 운용 유지비용 최소화를 위하여, 사용군과 관련 연구기관 및 방위 산업체가 서로 긴밀히 협력체계 구축을 위한 정책적인 반영이 필요하며 한국적인 군수 환경에 적합한 야전 운용자료의 수집 및 분석체계의 구축이 필요하다고 판단된다.

현재 운용중인 장비 및 향후 배치될 무기체계에 대하여 야전 운용자료의 지속적인 후속 지원사업을 통하여 야전자료 수집체계의 안정화를 도모하고 주기적인 RAM 분석을 실시함으로써 군의 계획소요 반영 자료로 활용하며, 창정비 시점 판단 및 정비/재고정책 수립으로 경제적이고 효율적인 군 운영에 기여할 수 있을 것으로 판단된다. 또한 수집된 자료를 통하여 분석된 RAM 자료는 유사장비 또는 차기 무기체계 개발시 설계 기초자료 및 RAM 업무수행의 기초 자료로 활용함으로써 실 야전 운용자료를 통하여 분석된 RAM 자료가 반영된 우리군의 운용환경에 적합한 한국형 무기체계의 개발이 가능할 것으로 생각된다.

우리 군의 야전운용자료 수집은 지속적으로 이루어져 왔으나 장비의 성능개선이나 군수지원 분석, RAM 분석 등 활용가치가 부족한 상태에서 나름대로 자료로 활용되어 왔었다. 이는 가장 중요한 단위부대에서 입력하는 운용경험정보의 취약성으로 인해 활용가치가 떨어졌으며 배치 및 운용단계에서 자료의 중요성은 인지하고 있으나 이를 정책적으로 반영하고 활용할 수 있는 구체적이고 체계적인 시스템 구축이 미비하였던 것도 사실이다. 무엇보다도 시급한 것은 야전 운용자료의 체계적인 수집 및 분석을 위해 무기체계의 개발단계의 계획단계부터 계획수립을 요구하고 운용계획단계까지 지속적으로 업무 수행을 구분, 적용할 뿐만 아니라 책임성도 동시에 부여하도록 하여야만 한다. 따라서 국내 무기체계 개발여건과 운용단계의 유지비용 증가 등으로 야전 운용자료 수집 및 분석 업무가 필수적이며 운용경험제원을 이용한 분석기법에 대한 연구발전의 병행 추진이 절실히 필요하다.

무기체계 운용능력의 최적화 및 운용 유지비용 최소화를 위해, 사용군과 관련 연구기관 및 방위 산업체가 서로 긴밀히 협력체계 구축을 위한 정책적인 반영이 필요하며 한국적인 군수 환경에 적합한 야전 운용자료의 수집 및 분석체계의 구축이 필요하다. 이를 위해서 다음과 같은 구체적인 대안을 마련하여 추진하는 것이 필요하다.

첫째, 야전 운용자료 수집관련 규정의 제도적 보완이 요구된다. 현 규정상 야전 운용자료의 수집, 분석업무에 대해 국방전력발전업무규정 종합군수지원업무에 일부 내용을 추가 또는 보완하고 각 군 규정에 별도의 야전 운용자료 수집, 분석업무 관련 세부 사항이 포함된 규정을 제정하여 실제적이고 현실적인 야전자료 수집, 분석업무 수행이 보장되도록 해야 한다.

둘째, 야전 운용자료 수집, 분석체계의 단계별 수행방안과 업무절차를 정립하여야 한다. 야전 운용자료의 체계적인 수집, 분석을 위해 무기체계의 개발단계에서부터 운용단계까지 지속적으로 업무를 수행할 수 있도록 철저한 계획수립과 동시에 책임을 부여하여 관리해야 한다.

셋째, 야전 운용자료 수집, 분석체계 구축을 위한 표준사업을 설정하여 경험확보와 보완사항을 도출하여야 한다. 2006년도에 사업을 착수한 K9자주포 후속군수지원사업과 천마 야전운용자료 수집 사업을 체계화하고 경험확보 및 사업분석을 통하여 보완사항을 도출하여 야전운용자료 수집, 분석의 표준업무로 관리될 수 있도록 해야 한다.

야전운용자료 수집 및 분석 활동은 국내 독자 무기체계개발 능력 향상은 물론 군수지원요소 최적화를 위한 기반으로 지속적인 연구를 위한 정책적 배려가 요구되며 무기체계 수명 주기비용의 최적화를 위하여 반드시 수행되도록 중장기 계획에 반영하여 추진하여야 하며 축적된 주요 전투장비의 야전운용제원은 향후 무기체계 수출시 기술자료로 활용될 수 있다.

따라서 야전운용 제원에 대한 D/B을 구축하기 위해서 구체적인 책임기관을 지정하여 임무를 부여하고 임무를 수행하기 위한 조직을 보강하여야 하며 육군 내에서는 정비기술연구소에서 야전운용 제원에 대한 수집 분석과 D/B구축 관리, 창정비 실적 비용자료에 대한 체계적 구축 및 관리가 이루어 져야 할 것이다.

제6장

맺음말

미래 핵심 전쟁수행 개념인 '네트워크 중심전'(NCW)을 수행하기 위한 무기체계는 갈수록 첨단화된 복합무기체계, 즉 ISR+C4I+PGMs으로 발전되고 있다. 이런 복합무기체계의 효과적이고 경제적인 군수지원이 보장되기 위해서는 ILS 활동이 소요제안 및 소요제기 시부터 설계, 개발, 운용유지 및 폐기에 이르기 까지 전 과정에 걸쳐 종합적이고 체계적으로 관리되어야만 운용유지간 나타날 수 있는 제반 문제를 최소화 하는 것이 가능하게 된다. 또한 무기체계 개발이후 운용유지간 창정비를 위한 시스템을 구축하기 위해 창정비 요소 개발을 업무의 세부내용 즉 표준업무 정립 및 인력관리, 교육, 전문성향상, 세부업무절차 개선 등 발전적 노력을 기울이지 않을 경우에는 창정비 요소개발 관련 제반 문제점들이 나타나게 되고 이로 인해 예산낭비와 최적 창정비시스템 구축을 하는것이 어렵게 된다. 바로 이러한 이유 때문에 본 저서에서는 이런 문제들을 해결하는데 도움이 되는 방안들을 제시 하였다.

첫째, ILS 인력 운영 및 관리 개선을 위해 전문분야별 · 직급별 직무수행에 필요한 근무경력, 자격 및 학력, 교육훈련 등 자격요건을 설정하여 보직자격제도를 도입하여 적용하여야 한다. 또한 현행 순환보직제도를 개선하여 인력운용의 효율성과 전문성을 발휘할 수 있도록 해야 한다.

둘째, ILS교육체계를 ILS교육의 문제점을 보완하고 ILS분야에 대한 전문인력을 양성할 수 있도록 군수교 교육과정의 추가신설 등 교육체계를 구체화하고 국방획득관리와 연계하여 창정비 요소 개발분야도 교육에 반영할 수 있도록 해야 한다. 그리고 소요군의 요구사항의 체계적인 반영과 개발업체의 소요군의 특성 및 이해를 위한 교류협력을 강화해야 한다. 또한 ILS요소 개발 사업담당관의 전문성과 사업관리능력을 향상시키기 위한 사업관리교육과 연계하여 교육체계를 개선해 나가야 할 것이다.

셋째, ILS기술지원을 효율적이고 전문적으로 지원하기 위한 육군 정비기술연구소의 역할을 확대하여 조직을 팀제로 개편하고 소프트웨어관리팀을 신설하여 무기체계 개발 및 시험장비 개발간 상호운용성 및 확장성을 보장하고 소프트웨어의 유지보수를 위한 기반기술의 개발과 장비운용부대의 소프트웨어 기능고장을 전문적으로 지원할 수 있는 체계구축 등 내장형 소프트웨어 통합관리 체계를 구축해야한다. 또한 육군 정비기술연구소는 군 및 민간 전문인력 확보를 위한 제도개선과 연구결과산물에 대한 지적재산권 확보, 연구성과에 대한 인센티브 부여, 산・학・연 기술협력체계를 구축하여 기술교류 및 공동개발을 통한 예산절감을 추진해야 한다. 향후 개발업체주도로 개발 중인 창정비 요소 개발 분야를 연구소가 독자적으로 수행할 수 있도록 연구소의 중・장기 발전계획을 수립하여 추진하고 국가 공인 연구기관으로 인증을 받아 기술개발 및 연구성과에 대한 공신력을 확보하여 명실상부한 육군 정비기술에 대한 최고 권위의 연구소로 발전될 수 있도록 해야 할 것이다.

넷째, 창정비요소 개발의 혁신을 위해서는 ILS 개발 조직 및 부서와 병행하여 무기체계 연구개발 관련기관의 인식의 전환이 요구된다. 창정비 요소 개발 사업담당부서는 업체가 제시하는 소요예산의 검증체계와 능력을 구비하여야 하며 신규무기체계 소요제안시 부터 창정비 요소 개발 소요제안 점검표를 작성하여 표준화하고 적용하여야 하며, 창정비요소 개발 시험평가 및 시제창정비의 전 개발 과정을 표준화 하고 표준절차를 수행하기 위한 절차별 표준문서(Manual)를 작성하여 실제 업무수행간 적용을 통해 효율적이고 체계적인 창정비 요소 개발 업무를 수행해야 한다. 창정비요소 개발 통합관리 체계를 구축하기 위해 기능·무기체계 범주와 상관없이 전반적인 로드맵을 작성하고 이 가운데 호환성·표준화·통합성을 달성할 수 있는 요인을 식별하여 소요에 반영해야 하고 향후 육군의 시스템별 창정비 정비체계로의 전환과 연계하여 창정비 사업관리 부서도 조직을 팀 중심으로 개편하여 효율적인 사업관리가 되도록 해야 한다. 또한 야전운용 제원 D/B구축과 체계적인 활용을 위해 정비기술연구소를 책임기관으로 지정하여 임무를 부여하고 야전운용 제원에 대한 수집 분석과 D/B구축 관리, 창정비 결과를 통합한 종합적인 장비운용제원 구축이 전 수명주기 동안 통합되어 관리되도록 하고 신규 무기체계개발 및 성능개량과 창정비 요소 개발시 활용해야 할 것이다.

이런 대안들을 적절히 ILS정책에 반영, 시행해 나갈 경우 교육체계개선, 인력의 전문성 확보, 창정비 요소 개발 절차 및 표준문서 개발, 정비기술연구소의 역할정립 및 능력확보, 운용제원 수집 및 D/B구축·활용이 체계화 되어 우리 군의 ILS획득관리체계의 획기적인 개선이 이루어질것으로 확신한다.

참고문헌

I. 국내문헌

1.1. 단행본

국방부, 「ILS사례집」, 서울 : 국방부, 1998.

______, 「기술교범 국방 규격서」, 서울 : 국방부, 2002.

김영기, 「전력화지원요소 : 이론과 실제」, 파주 : 한국학술정보(주), 2007.

김종하, 「획득전략 : 이론과 실제」, 서울 : 북코리아, 2006.

김철환 · 이건재, 「무기체계획득관리」, 서울 : 국방대학교, 2001.

손태종 외, 「네트워크중심전(NCW)연구」, 서울 : 한국국방연구원, 2005.

방위사업청, 「새로운 출발, 방위사업청 1년의 성과와 다짐」, 서울 : 방위사업청, 2007.

______, 「시험평가 업무 관리지침서」, 서울 : 방위사업청, 2006.

삼성테크윈, 「K9 후속군수지원 세부사업수행 계획서」, 창원 : 삼성테크윈, 2006.

육군교육사령부, 「종합군수지원 업무편람」, 대전 : 교육사, 2002.

육군군수사령부, 「기술회보 제1호(RSI에 의한 정비혁신 추진)」부산 : 군수사, 2006.

______, 「이해하기쉬운 군수용어집」, 대전 : 군수사, 2007.

______, 「종합군수지원 실무지침서」, 부산 : 군수사, 2006.

______, 「K1A1전차 사격통제장치 창정비 요소개발 사업관리계획서」, 부산 : 군수사, 2006.

______, 「K1A1전차 사격통제장치 창정비 군수지원분석계획서(LSAP)」, 대전 : 군수사, 2007.

육군본부, 「군수관리(야전교범 19-1)」, 대전 : 육군본부, 2004.

______, 「부대정비근무(야전교범 42-1)」, 대전 : 육군본부, 2005.

______, 「종합군수지원 개발 업무지침서」, 대전 : 육군본부, 2005.

______, 「종합군수지원 실무지침서」, 대전 : 육군본부, 2007.

육군종합군수학교, 「종합군수지원」, 대전 : 종합군수학교, 2007.

이경재, 「획득기획의 이론과 실제」, 서울 : 대한출판사, 2007.

이희우 · 김형준 · 오세창 · 최종원, 「실전시스템 엔지니어링」, 서울 : 청문각, 2007.

장기덕 · 김준식 · 최수동 · 이성윤, 「군수혁신 : 선진화를 위한 도전과 과제」, 서울 : KIDA, 2005.

1.2. 논 문

권태영, "21세기 미래전 이론 분석 및 발전 방향", 「국방정책연구」 65호, 한국국방연구원, 2004 가을.

김백현, "종합군수지원(ILS)발전방향"(육군종합군수학교, 군수논문집 제8호), 2007.

노훈 · 손태종, "NCW : 선진국 동향과 우리 군의 과제", 「주간국방논단」(한국국방연구원, 제1046호), 2005.

박기준, "21세기를 대비한 국방획득관리 비전", 육군교육사령부, 2002.

심행근, "미래개발 유사무기체계간 시험 및 정비장비 통합개발 및 효율적 관리방안"(육군본부, 2006전력화지원 세미나 발표 논문), 2006.

유중근, "종합군수지원 11대 요소별 발전방향"(육군본부, 2007ILS업무발전 세미나), 2007.

육군본부, 「종합군수지원 업무발전 논문집」, 대전 : 육군본부, 1999.

______, '05년 종합군수지원 업무발전 2단계 세미나, 2005.

______, 「효율적인 ILS 개발을 위한 세미나」, 2005.

진희태, "천마 창정비 야전운용제원 분석방안", 「종합군수지원 개발세미나」, 서울 : 방위사업청, 2006.

최석철 · 이춘주, "군직정비 물량의 민간 이양 필요성에 관한연구" 「국방과 기술」, 통권 337호, 2007.

Ⅱ. 영 문

AR 700-127 Integrated Logistics Support, 19th December 2005. "Summary of Change."

C.V. Christianson, "Joint Logistics : Shaping Our future," *Defense AT&L*, July-August 2006.

C.V. Christianson, "In Search of Logistics Visibility : Enabling Effective Decision Making," *Defense AT&L*, July-August 2007.

Dan Catericcia and Matthew French, "Network-centric Warfare : Not There Yet," Federal Computer Week, June. 2003.

David S. Albert and Others. *Network Centric Warfare : Duveloping and Leveraging Information Superiority* Washington D.C. : DoD C4ISR Cooperative Research Program, August 1999.

David Berkowitz, Jatinder N.D.Gupta, James T.Simpson, and Joan B. Mcwilliams,

"Defining and Implementing Performance-Based Logistics in Government," *Defense Acquisition Review Journal,* December 2004-March 2005, Vol. 11, No. 3

DoD, Defense Acquisition Guidebook, 2006.

DoD, Report on Network Centric Warfare, SES.934, 2005.

James V. Jones. *Integrated Logistics Support Handbook*, Second Edition, 2004.

Office of Force Transformation, The Implementation of Network-centric Warfare, DoD, 2005.

Vince Sipple, Edward Tony White, Michael Greiner, "Surveying Cost Growts", *Defense Acquisition Review Journal,* January-April 2004.

Wilson, Clay, Network centric Warfare : Background and Oversight Issues for Congress, CRS Report for Congress, June. 2004,

Willism Fast, "Sources of Program Cost Growts," *Defense AT&L,* March-April 2007.

Ⅲ. 정부발간자료

국방과학연구소, 「K1A1전차 창정비계획서」, 대전 : 국과연, 1997.

국방부, 「2007년도 국방정책」, 서울 : 국방부, 2007.

______, 훈령 793호, 「국방전력발전업무규정」, 서울 : 국방부, 2006.

______, 「방산계약 사무처리규칙」

______, 「방산물자의 원가산정에 관한 규칙」

방위사업청, 「군수지원분석 Guide Book」, 서울 : 방위사업청, 2006.

______, 훈령 제13호, 「방위력개선 사업관리규정」, 서울 : 방위 사업청, 2006.

육군본부, 「정비종합발전계획」, 대전 : 육군본부, 2007.

Ⅳ. 신문 및 각종 언론보도자료

김종하, "전투기 추락사고 왜 잇따르나", 「세계일보」2007년 7월 24일 「국방일보」, 2007년 4월 17일.

V. 기 타

육군군수사령부, 「2007년 사업계획」, 2007.
______, 「2008년 장비유지예산 교육자료」, 2007.
육군종합군수학교, 종합군수지원 교육계획, 2007.
육군종합정비창, 정비기술연구소 업무보고, 2007.
한남대 홈페이지, http://nds.hannam.ac.kr/html/main/index.html

부록

1. "K9자주포 ILS요소 개발" 연혁 및 사례
2. CSP운영 및 개선사례
3. ILS요소 개발 종합체계도

본 사례는 최근 창정비 ILS요소 개발을 완료한 K9 자주포와 CSP 운용개선 사례, ILS요소 개발 종합 체계도를 정리하여 많은 참고가 되기를 바라는 마음으로 본서에 수록하였다.

| 부록 1. K9자주포 ILS요소 개발 연혁 및 사례 |

1. 개발배경

1987. 7. 29	XK9 개발가능성 검토(국과연)
1989. 7~1993. 6	체계개념형성 및 탐색개발 연구수행(국과연)
1993. 8. 27	체계개발동의서(LOA) 확정(합참)
1993. 9. 7	사업계획 확정(국방부 획득심의회)
9. 18	사업예산 승인(전력증강위원회)
10. 6	율곡 9104 사업집행 승인

2. ILS선행개발

1993. 10. 1	XK9 ILS 개발 착수
12. 28	XK9 ILS 선행개발 계약
1994. 1. 14	XK9 ILS 관리위원회(ILS-MT) 발기 및 사업착수회의 - 참석기관 : 국방부, 육본, 교육사, 포병교, 국과연, 삼성전자, 삼성항공, 기아중공업 - XK9 종합군수지원계획서(ILSP), 정비계획서 작성방안 제출(국과연)
1. 24~1. 28	한국형 LSA-ADP 교육(1차) - 국과연 산학회관/삼성항공 3명
1. 28	XK9 ILS 세부사업수행계획서 제출(삼성항공→국과연)
2. 19	XK9 ILS 세부사업수행계획서 승인
2. 19~3. 6	XK9 엔진 기술연수(엔진운용 및 정비기술 고장배제 교육) - 장소/참석자 : 미 DDC사/삼성항공 2명

2. 20~2. 25	야전부대방문
	- 대상부대 : 20기보사, 6포병여단, 2군지사
	- 방문인원 : 국과연 3명, 삼성항공 4명
	- 목적 : 자주포 운용, 정비, 시설, 수송 자료 수집
2. 28	XK9 ILS 품질보증활동계획서 제출(삼성항공→국과연)
3. 2~3. 4	XK9 모형(MOCK-UP)평가 실시
3. 17	XK9 ILS 품질보증활동계획서 승인
3. 18	XK9 원가정산회의(삼성항공 3공장)
	- 참석기관 : 국과연, KID, 삼성항공, 기아중공업
3. 28~4. 2	한국형 LSA-ADP 교육(2차)
4. 7~4. 8	'94년 1/4분기 사업분석회의 실시
4. 20	'94년 1/4분기 실적보고서 제출
4. 28~4. 29	1차 LSA 실무자 회의(국과연)
	- LOADERS 수행에 따른 작성 가능/불가능 BLOCK 협의
5. 23~5. 25	2차 LSA 실무자 회의(국과연)
	- SHEET류 작성방안, 정비계획서 작성방안 협의
6. 7	엔진 기술자료 획득관련 계약체결
	- 계약금액 : 210,000 $
	- 계약자료 : LEVEL Ⅱ 도면외 4항목
6. 11	XK9 모형평가 설계반영 현황 자료 제출
6. 22~6. 23	3차 LSA 실무회의(국과연)
	SHEET BLOCK 기입내용, 정비할당표 인시판단, 연간운용시간 판단 등 협의
7. 4	4차 LSA 실무회의(국과연)
	- 군수지원분석자료 작성법 협의

3. ILS실용개발

1996. 10. 1 XK9 ILS 실용개발 선착수

10. 14~16 야전부대 방문
- 대상부대 : 수기사, 20사단, 665중대
- 대상 : 국과연, 삼성항공, 기아중공업
- 목적 : 수동사통, 무장, 유압장치 정비실태 파악

10. 15 개량 기술교범 관련 세미나(삼성항공)

11. 1 실용개발 CSP 회의(교육사)
- CSP 관련 선행 문제점 및 실용개발시 신뢰성 향상방안

11. 18 야전배포용 개량 기술교범 SAMPLE 검토(국과연, 교육사)

11. 27 시험장비 PDR 회의(국과연)

12. 9 XK9 ILS 실용개발 예비 착수회의(삼성항공)

12. 30 XK9 ILS 실용개발 계약
- 계약기간 : '96. 12. 30~'98. 9. 30
- 계약금액 : 71.45억원(ILS 금액)

1997. 1. 9 XK9 ILS 실무회의(1차)

1. 21 IETM 적용 TOOL관련 세미나(삼성항공)
- 참석기관 : 국과연, 삼성항공, 유진데이타, 넥스텍

1. 24 XK9 ILS 세부사업수행계획서/품질보증활동계획서 제출(삼성항공→국과연)

1. 24 '96년 후반기 ILS-MT 회의(국과연)

1. 29~30 협력업체 실무자 LSA교육(삼성항공)

2. 19 XK9 ILS 실무회의(2차)

2. 26 XK9 ILS 세부사업수행계획서 승인

2. 26~27 XK9 지원장비/기술교범 실무협의 회의

3. 5 XK9 ILS 요소개발 계약(삼성/쌍용)
- ILS 요소개발('97.3.3~'98. 8.31) : 6.92억원

	- 해외기술자료 획득('97.3.3~'97.12.15) : 2.53억원
3. 13	'96년도 4/4분기 실적보고서 제출
3. 20	XK9 ILS 요소개발계약(삼성항공/통일) 체결
	- ILS 요소개발('97.3.20~'98. 8.31) : 5.06억원
	- 해외기술자료 획득('97.3.20~'97.12.15) : 2.5억원
3. 20~21	시험장비 CDR 회의
3. 21	XK9 ILS 실무회의(3차)
3. 25	XK9 엔진 기술자료 획득 계약 체결(쌍용/MTU)
4. 4	'97년도 1/4분기 실적보고서 제출
4. 6~20	해외 기술연수(미국 HONEY WELL社)
	- 국과연, 삼성항공
4. 10~11	'97년도 1/4분기 사업실적 검토회의 실시
4. 19~26	해외 기술 조사/업무협의(국과연, 삼성항공)
	(영국 GenRad社/Schlumberger社)
5. 8	XK9 유압장치 기술자료 획득 계약체결(동명/VICKERS)
5. 15	XK9 고장배제절차 작성방안 협의
5. 26	XK9 변속기 기술자료 획득 계약 체결(통일/ATD)
5. 28~30	1차 군수제원점검(LDC)회의(삼성항공)
6. 10~22	XK9 엔진 관련 해외출장(독일 MTU社, 쌍용)대안동력장치 E/G 호환성 검토, 특수공구 용도확인/사용설명서 작성, RAM DATA 입수
6. 18	XK9 ILS 실무회의(4차)
6. 30~7. 12	XK9 엔진 관련 해외출장(독일 MTU社, 쌍용)
	- ILS 계약사항 협의 및 엔진 수락검사 입회
7. 6~20	XK9 동력장치 관련 해외출장(독일 MTU社, 삼성항공)
	- 동력서브장치 조립공정 검토
7. 7	'97년도 전반기 실적보고서 제출
7. 23~24	2차 군수제원점검(LDC)회의(삼성항공)

	7. 24	XK9 종합군수지원계획서(안)(ILSP) 배포
	8. 21~22	LSA 실무회의
	8. 21	기술교범 실무회의
	8. 28	XK9 엔진 OPERATING, DESCRIPTION MANUAL 입수 (MTU→쌍용)
	8. 29	야전부대 방문 - 유압장치 시험장비 및 정비시설 Layout 군의견 수집
	9. 11	특수공구 및 시험장비 규격화 회의
	9. 25	XK9 종합군수지원계획서(안)(ILS-P) 검토회의 실시
	9. 25	XK9 DT/OT-Ⅱ 제공용 기술교범 1식 제출 - 국과연, 시제1호/2호 참고용 자료
	9.28~10.20	XK9 변속기 관련 해외 기술연수(미국 ATD社) - 작동원리 및 분해,조립 방법 습득
	10. 7	'97년도 3/4분기 실적보고서 제출
	10. 28~31	3차 군수제원점검(LDC)회의(2군지사 96정비대대)
	11. 10	ILS입증 착수회의(삼성항공)
	11. 10~12.19	1차 입증 실시(별도 조립체 활용)
	11. 24	XK9 CSP 산출기법 교육 - XK9 CSP 산출을 위한 OASIS 적용방안
	12. 3~5	야전부대방문(651 포병대대 외 7개 부대) - 군이 보유하고 있는 기존 정비시설에 대한 가용성 검토
	12. 15~16	4차 군수제원점검(LDC)회의(통일중공업)
	12. 16~17	야전정비용 전기/전자장치 시험장비 실무회의
	12. 17	LSA 및 기술교범 실무회의
	12. 22	해외 기술자료 납품(국과연) - 엔진, 변속기, 유압장치용 해외 기술자료 1식
1998.	1. 5	'97년도 후반기 실적보고서 제출
	1. 5~4. 30	2차 입증 실시(별도 조립체 및 시제1호 활용)

2. 4	입증 중간 결산회의(삼성항공)
2. 9	특수공구/시험장비 도면 규격화 선검토 의뢰(1차)
2. 11	창정비계획서 관련 실무회의(1차)
2. 23	포장제원표 관련 실무회의
2. 26	XK9 종합군수지원계획서(ILS-P) 수정본 검토의뢰(군 요구사항 및 ILS-P검토회의 내용)
2. 26~27	5차 군수제원점검(LDC)회의(쌍용중공업)
2. 27	특수공구/시험장비 도면 규격화 선검토 의뢰(2차)
3. 2~19	XK9 시험평가 요원 교육 실시(삼성항공)
	- 교육사 시험처, 야전정비요원
3. 20	창정비계획서 관련 실무회의(2차)
3. 26	포장제원표/목록화 관련 조달본부 협의
3. 30	특수공구/시험장비 도면 규격화 선검토 의뢰(3차)
4. 6	'98년도 1/4분기 실적보고서 제출
4. 24	XK9 표준시설 LAYOUT(예비초안) 검토 의뢰(국과연→육본)
4. 30	KIT품목, 특수공구, 시험장비 규격화용 TDP 제출
5. 11	XK9 ILS 확증 착수회의(삼성항공)
5. 20	XK9 ILS 입증 결과보고서 제출
5. 11~8.10	XK9 ILS 시험평가 실시(국과연)
	- 5.11~5.22 : 이론확증(삼성항공)
	- 5.25~5.29 : 별도조립체 활용(80정비대대)
	- 6. 1~8.10 : 실용시제 #1 활용(80정비대대)
5. 27	XK9 표준시설 LAYOUT 검토결과 업체통보(육본→국과연)
6. 17	XK9 창정비계획서 초안 제출(삼성항공→국과연)
7. 7	'98년도 전반기 실적보고서 제출
8. 24~9. 4	교육용 비디오 촬영 기술지원
9. 8	XK9 ILS 운용시험결과 검토회의(교육사 시평단)
9. 10	XK9 ILS 확증결과보고서 제출(국과연)

9. 29 특수공구/시험장비/킷트품목 규격화 도면 제출

9. 28 ILS 실용 인도품목 납품(국과연)

4. ILS 창정비 요소 개발

4.1. 개발연혁

1998. 9. 30 창정비계획서 승인(발간/국방과학연구소)

2000. 5 창정비 개발 소요제기/방침 결정(군직, 육군본부)

2001. 11 창정비 개발 비용분석(육군본부)

2002. 10 창정비 방침 재결정(군직/외주병행, 육군본부)

2002. 12. 2 1차 K9 창정비 ILS요소 개발 계약(삼성테크윈↔조달본부)

- 계약기간 : 2002. 12. 21~2007. 12. 20
- 계약금액 : 119.34억원
- 계약내용 : 군수지원분석, 창정비작업요구서(DMWR), K9 자주포(개조), 목록화, 포장제원표, 시험평가, 교육훈련, 사업관리

※ 군직/외주 공통분야 우선 계약

2003. 3. 6 K9 자주포 창정비 개발 사업 착수회의(종합정비창)

- 참석 : 육군(16명), 대외기관(4명), 개발업체(20명)
- 발표/토의
  - · 사업관리계획(군수사)
  - · 기술지원계획(국과연)
  - · 창정비 요소 개발계획(삼성테크윈)
  - · 현안 문제점(공통)

4. 14 K9 군수지원분석 세미나(종합정비창)

- 창정비 LSA의 효율적인 실시 및 표준화 방안, 도면분석 방법 및 군수지원분석 실시 방안 공유

5. 19~20	1차 군수제원점검(LDC) 회의(삼성테크윈) - 연료장치외 21장치(차체 : 11장치, 포탑 : 11장치)
6. 25~26	2차 군수제원점검(LDC) 회의(삼성테크윈) - 배기덕트장치외28장치(차체 : 12장치, 포탑 : 17장치)
6. 30~7.9	K9 개조장비 1차 해체검사 - 6. 30 : 삼성테크윈(차체/포탑) - 7. 1 : 통일중공업(변속기/종감속기) - 7. 2 : 위아(무장) - 7. 3 : STX(엔진) - 7. 4 : 대우종합기계(항법장치) - 7. 7~8 : 삼성탈레스(자동사통장치) - 7. 9 : 동명중공업(유압장치)
7. 22	K9 자주포 창정비 개발 ILS-MT 회의(전력개발관리단) - 창정비 방침 결정 지연에 따른 제한사항 - 군직/외주 혼용 또는 외주정비시 개발범위 - 창정비 방법에 따른 개발 간 수정요소 - 현수장치 재생방안(군직 또는 외주정비시) - 국과연 기술지원 활동내용/계약방법
9. 5	K9 자주포 창정비 방침 결정에 따른 후속조치 회의 - 시험장비/특수공구 항목 추가 계약을 위한 특수조건/개발일정 조정소요 - 승인예산(113억) 계약시 년내 사용 가능성 - 국과연 기술지원활동비 사용계획 및 승인예산 년내 사용 가능성 - 추가계약에 따른 시설계약방안에 대한의견, '03년 전력화지원비 사용계획 및 건의사항(군수사)
10. 13	KAIS(육군 전자식 기술교범) 표준S/W 대여 요청 (삼성테크윈 → 육본) : '03. 11. 1~'08. 12. 31, 7식

12. 9~11　K9창정비 시험장비 개발회의
- 통합개발 : 발전기/전압조정기 시험장비 통합개발
- 크랭크케이스 기밀 시험장비 연결 어댑터 미개발
- 비용분석시 변경된 사양 확인 : 회로카드 시험장비외 3종
- 시험장비 사양 조정 : 구동기어상자 시험장비 외 3종, 유압유 플러싱 장비 조정(12대→3대)
- 개발여부검토 : 구동유니트 시험장비(국산화 관련)
- PCB 시험장비 적용 대상품목 조정
• 송탄정전조종판 PCB, 구동조정기 PCB 미적용
• 전압조정기 PCB 2종 적용

2004. 1. 20　K9 자주포 창정비 개발 사업관리 계획서 승인/배부

2. 17~18　K9 자주포 ILS-MT(창정비) 회의
- '03년 추진실적 및 '04년 계획 확인
- 창정비작업요구서(DMWR) 작성 지침 협의
- 현안 문제점 및 대책토의

3. 18~19　K9 3차 군수제원점검(LDC) 회의(삼성테크윈)
- 난방장치외 27장치(차체:15장치, 포탑:13장치)

4. 7　K9 창정비 시설시방서(초안) 검토 회의

5. 3　K9 국산화품목(2종)에 대한 창 시험장비 추가 개발 검토 요청 (삼성테크윈→군수사)
- K9 흡기장치 모터조립체 창정비 방안
- K9 팬구동장치 창정비 방안

5. 28　K9 창정비 현수금형 개발용 재생 대상품 대여 요청 (삼성테크윈→군수사)
- 보기륜 2개, 지지롤러 4개, 궤도슈조립체 5셀
- 사용 기한 : '04. 6. 1~11. 30

6. 3~4　K9 4차 군수제원점검(LDC) 회의(STX엔진)
- 흡기장치외 3장치(차체 : 3장치, 포탑1장치)

6. 8　　K9 자주포 현수장치 특수공구(금형4종) 개발을 위한 폐품 대여(종합정비창→삼성테크윈)
- 보기륜조립체 등 4종('04. 6. 30~11. 30)

6. 29　　K9 창정비 시설시방서 제출
- 시설LAYOUT(시설공사시방서 : 건축,전기, 설비 도면)

7. 12　　K9 창정비용 특수공구 선정검토서 제출(삼성테크윈→소요군)

7. 23　　K9자주포 창정비 시험장비 추가검토 결과 통보 (군수사→삼성테크윈)
- 개발제외(3종) : 커플링, 진동감쇄기, 연료기밀 시험장비
- 기존시험장비 Up-Grade(1종) : 엔진냉각수기밀 시험장비 히타 장착/연결치구
- 추가(2종) : 커플링 결합치구, 연료기밀 연결치구

9. 7~10. 27 K9창정비용 시험장비 제작설명회
- 시험장비 제작/개발일정, 부품확보/시험대상 품목
- 영상화면으로 실물 및 시험장비 작동실태 확인
- 시험장비 제작사양 변경내용 검토 및 확인

9. 10　　K9 창정비 시설공사 설명회
- 시설공사 일정계획 설명, 현황 및 내용 소개

10. 4　　155밀리 자주곡사포 K9 수정판 기술교범(5차) 검토/ 발간승인 의뢰(삼성테크윈→교육사)
- K9 사용자 기술교범(수정5, 10)
- K9 부대정비 기술교범(수정5, 20&P)
- K9 부대, 직접 및 일반지원정비 기술교범(수정5, 24&P)

10. 14　　K9 창정비 현수금형 제작 공정검사
- 궤도, 보기륜, 지지롤러 재생 금형(4종)

11. 9~10　　K9 창정비용 특수공구 선정회의(삼성테크윈/동명중공업)
- K9 창용 특수공구 261종 검토/211종 확정

11. 10　　155밀리 자주포 K9 기술교범 수정5호 감수 결과 통보(교육사

→삼성테크윈)

11. 11~12 K9 창용 시험장비 제작사양 회의(삼성테크윈)
- K9 창용 시험장비 제작사양 검토 33종

11. 16~17 K9 창정비 5차 군수제원점검 회의 실시(통일중공업)

11. 29 155밀리 자주곡사포 K9 기술교범 수정5 발간 승인

12. 3 K9 창정비 현수장치 재생용 금형(4종) 적용성 검사 의뢰 : 궤도 몸체, 궤도핀, 보기륜, 지지롤러

12. 10 K9 창정비용 특수공구 선정/시험장비 제작사양 변경 및 군수제원점검(5차) 회의결과 통보(군수사→삼성테크윈)
- 특수공구 선정 검토결과
  • 검토대상 : 261종
  • 검토내용 : 적용(194종),불필요(50종),추가선정(17종)
  • 최종결정 : 211종
- 시험장비 제작사양 검토결과
  • 검토대상 : 33종
  • 검토내용 : 추가요구(32건), 변경(123건)
- 군수제원점검(LDC) 결과
  • SMR 변경 : 34 건, OIP 선정 : 287건

12. 13 K9 창정비 현수장치 재생용 금형 적용성 검사결과 통보(군수사→삼성테크윈)

12. 20 K9 창정비용 시험장비 제작사양서 1차 수정본 제출

2005. 2. 22 K9 자주포 창정비 ILS-MT회의(삼성테크윈)
- '04년 추진실적 및 '05년 계획
- 시험장비 운용시험평가 계획
- 주요현안 및 대책 토의

3. 3 K9 창정비 시험장비 시험평가 요청(삼성테크윈→군수사)
- '05년 납품 시험장비(15종)에 대한 시험평가 요청
- 시험평가 일정계획 및 시험평가 계획 의뢰

3. 10　K9 창정비용 시험장비 제작사양서 수정본 제출(삼성테크윈→군수사)
- 구동기어상자 시험장비(2차 수정본)
- 회로카드 시험장비(2차 수정본)
- 주퇴복좌기 왕복 시험장비(1차 수정본)
- 포미장치 작동 시험장비(2차 수정본)
- 장전장치 시험장비(2차 수정본)
- 엔진성능 시험장비(1차 수정본)

3. 16~4. 11　K9 창정비용 시험장비(5종) 공정확인
- 구동기어 등 5종, 부영정밀 등 5개 업체

3. 29　155밀리 자주곡사포 K9 개정판 기술교범 군 검토의뢰(삼성테크윈→교육사)
- 155밀리 자주곡사포 K9 사용자 기술교범 외 11종

4. 26~27　K9 창정비용 시험장비(2종) 공정 확인
- 포미장치 등 2종, 현대엔지니어링 등 3개 업체

5. 25~27　K9 창정비용 시험장비 공정확인(3차)
- 연료공급장치 등 3종, 영창정밀 등 3개 업체

6. 14　K9 실용 개조장비 해체검사 요청(삼성테크윈→군수사)

6. 30　155밀리 자주곡사포 K9 개정판 기술교범 검토의뢰(2차) (삼성테크윈→교육사) : 20종

7. 5　155밀리 자주곡사포(K9) 기술교범 감수결과 통보(교육사→삼성테크윈)

7. 8　K9 창정비 시험장비 시험평가 종결회의
- STX엔진외 3개 업체

7. 26　K9 창정비 ILS-MT회의(삼성테크윈)
- K9 회로카드 수리공구세트 국가재고번호 부여방안
- 회로카드 시험장비 추가 회로카드 확보 및 정산방안
- 엔진제어장치(CDS) 시험장비 추가 회로카드 확보 및 정산

방안
- 엔진 및 동력장치 시험실 설치위치 변경
  • 엔진 시험실(기존 13번셀)
  • 동력장치 시험실(일반단 포장반 위치)
- 흡기모터 시험장비 군 요구사항 제시 요청
- 변속기 창정비 특수공구 추가소요 특수공구 1종
- 포미장치 및 장전장치 시험장비 시험평가시 요구 사항
  • 폐회로 냉각장치 구성
  • 별도 동력실 룸 구성
- 선회베어링 정비방안(군직/외주결정)
- 시험장비 소음방지 적용기준
  • 향후 시험장비는 소음기준을 적용하여 개발
  • 지속소음 : MIL-STD-1474D 적용하여 85dBA
  • 충격소음 : 산업안전 보건법을 적용하여 100회/일 140dBP 를 초과하는 시험장비에 대해서 소음방지 대책 수립.

8. 11 K9 창정비 창정비작업요구서/특수공구 시험평가 실시 요청 (삼성테크윈 → 군수사)

8. 30 155밀리 자주곡사포 K9 개정판 기술교범의 KAIS CD 군 검토의뢰(삼성테크윈 → 교육사)

9. 12 K9창정비 ILS요소 개발 추가 계약(조달본부 ↔ 삼성테크윈)
- 계약기간 : 2005. 9. 11~2006. 12. 30
- 계약금액 : 11.63억원
- 시험장비(흡기모터시험장비 : 5.22억) 및 시설(엔진작업장 : 6.41억) 추가

9. 12 시험장비 시설내 전기 사용전 검사 의뢰(삼성테크윈 → 한국전기안전공사)

9. 21 K9 창정비용 흡기모터 시험장비 제작사양 승인 요청(삼성테크윈 → 군수사)

10. 10 K9 창정비 ILS-MT회의(삼성테크윈)

10. 11~14 K9 자주포 창정비용 시험장비 제작 공정확인
- 윈젠/성화정밀/우레아텍/승일테크
- HSU 내압, HSU 스프링 및 댐퍼, 모타/펌프/저유기, 서보 작동, 유압장치 시험장비

10. 11 K9 자주포 창정비용 시험장비(15종)운용시험평가 통보(군수사→삼성테크윈)
- 운용시험평가 기간 : 2005. 5. 31~7. 8
- 대상장비 : 시험장비 : 15종
- 결과 : 軍 사용 "可"

10. 13 K9 창정비 시험장비 운용지침서 팜플릿 번호 요청(삼성테크윈→군수사)

11. 1 K9 창정비 요소개발 수정계약 건의(삼성테크윈→육군)
- 시험장비 재고번호 부여결과 반영 및 시험장비 5종 삭제에 따른 연부액 변경 건의

11. 28 K9 창정비 시험장비(15종) 운용지침서 발간 승인 의뢰(삼성테크윈→군수사)

12. 29 K9 창정비 시설 중간 확인 실시
- 건축물과 도면의 일치 여부
- 시험실별 소음 및 조도 측정

2006. 1. 19 155밀리 자주포(K9) 기술교범 감수결과 통보(교육사→삼성테크윈)

1. 23 K9 자주포 창정비작업요구서 운용시험평가 결과 통보(군수사→삼성테크윈)
- 운용시험평가 기간 : '05. 10. 24~12. 2(6주)
- 대상품목 : 창정비 대상품목 22품목/특수공구 79종
- 결과 : 군사용 可

2. 3 K9 창정비 해외 기술자료 제출(삼성테크윈→군수사)

- 변속기 해외 기술자료

2\. 17 K9 자주포 창정비용 CDS 시험장비 제작공정 확인(삼성테크윈)

2\. 17 K9 자주포 시험장비/DMWR 운용시험평가 계획 통보(군수사→삼성테크윈)

- '06년 시험장비/DMWR 운용시험평가 계획

4\. 7 K9 자주포 창정비용 시험장비 설치장소 변경 통보(군수사→삼성테크윈)

- 동력장치 시험장비 설치장소 변경 : 차량일반단 포장반→차량일반단 기존 시험실

5\. 17 K9자주포 실용시제 개조 관련 해외수입 부품 소요량 확인 승인(군수사→삼성테크윈)

- 소요량 확인 내용 : 1,481종

6\. 14 K9자주포 기술교범 최신화 발간관련 발간부수 및 배부기준 통보(방위사업청→삼성테크윈)

6\. 16 K9 자주포 창정비 개발 ILS-MT 및 후속군수지원사업 개발 착수 회의(삼성테크윈)

- '07년도 시제창정비 실시 장소 : 종합정비창
- 해외정비 품목 창정비 방안 : 국산화 완료품목은 창정비 개발 및 군직정비 개발
- 선회베어링은 DMWR 시험평가 결과에 따라 군직/외주 결정
- 표시기, 판넬조립체(Q25020280)와 항법장치(DRU-H)는 해외정비에서 외주정비로 변경
- 엔진제어장치(CDS)는 업체제시 정비방안으로 확정하고, 해외정비에서 군직정비로 변경
- 성능형 국산화 품목은 외주정비 실시
- 소자단종에 따른 설계변경 이전 품목은 야전종결(PAFZZ) 처리

• 자동사통장치 회로카드(386 소자→486 소자) (10종)
• 송탄제어기/구동제어기/조종수 계기조종판 CPU 회로카드 (4종)
- 창정비용 특수공구 및 시험장비 목록화 : 방위사업청에서 방안을 검토하여 통보
- 시설 준공검사 : 시험장비 시험평가시운용에 대한 문제 가 발생하지 않으면, 준공검사를 추진('06. 8월)

6. 22 155밀리 자주곡사포(K9)전자식 기술교범 감수 결과 통보(교육사→삼성테크윈)

6. 27 155밀리 자주곡사포(K9) 기술교범 발간승인 통보(교육사→삼성테크윈)

7. 10 개정판 기술교범 인쇄/발간 협조 통보(방위사업청→삼성테크윈)
- K9자주포 개정판 기술교범 23종, 육군 인쇄창

8. 4 창정비용 시험장비 검.교정절차서 기술검토결과 통보(종합정비창→삼성테크윈)
- '06년도 1차분 9종

8. 8 개정판 기술교범 인쇄/발간 내역 수정 통보(방위사업청→삼성테크윈)
- 발간부수 및 일부교범 페이지수 과다로 분권 필요

8. 10 기술교범 오류번호 및 규격 정정 통보(방위사업청→삼성테크윈)

8. 22 155밀리 자주포(K9) 기술교범 인쇄규격 수정사항 통보(교육사→삼성테크윈)

10. 10 K9 자주포 창정비 품목 목록화 회의(군수사)

10. 10 K9 자주포 시설보완 의뢰(종합정비창→삼성테크윈)
- 발전기 시험실 환기시설 보완 외 3건

10. 16 K9 창정비 해외 기술자료 제출(삼성테크윈→군수사)
- K9 엔진 창정비작업요구서(DMWR) 개발을 위해 독일 MTU사로부터 획득된 기술자료

10. 24~12.8 자주포 창정비용 회로카드 시험장비 교육

12. 5 '07년 K9 자주포 시제창정비 관련 실무 협조회의
- '06년 운용시험평가 결과 확인/납품관련 토의
- '07년 K9 자주포 시제창정비 운용시험평가 계획

12. 12 '06년 K9 자주포 창정비요소 운용시험평가결과 후속조치 실무 협조회의(종합정비창)
- K9자주포 변속기 시험장비 입력 동력원 적용성 검토

12. 19 '06년 K9 자주포 창정비요소 운용시험평가 결과 통보(군수사→삼성테크윈)
- 시험평가 결과 : "군사용 적합"

2007. 2. 5 K9 자주포 창정비 ILS-MT 실시(삼성테크윈)
- 창정비 추가소요 설비/공구 획득 추진
- 시험평가용 시제장비 군수교 인계시 부수지원품목 조치
- '07운용시험평가(시제창정비 범위/평가절차)

3. 5~6.29 '07년 K9 자주포 창정비요소 운용시험평가
- 차체, 포탑, 엔진

5. 7 K9 자주포 창정비용 추가설비/치구 업체보유 제작도면 지원 협조(군수사→삼성테크윈)
- 생산용 치구 29종 보유도면 지원 협조

5. 21 K9 자주포 추가설비 업체 제작도면 지원(삼성테크윈→군수사)
- 29종에 대한 조치
• 삼성 보유도면 제공 : 14종
• 정비창 설계자 현장 실측가능 협조 : 15종

6. 18 K9 창정비 계획서 최신화 반영 검토

7. 11 '07년 K9 자주포 운용시험평가 결과 통보
- 대상 : 차체, 포탑, 엔진
- 시험평가 결과 : "군사용 적합"

8. 13 K9자주포 운용시험평가 후속조치 협조회의

- 평가결과 후속조치/확인
- 납품목록 최신화 검토/납품
- 사업종결회의/ILS-MT일정

8.17~10.15 K9종합군수지원 계획서(ILSP) 최신화 검토

9.17~10.15 K9종합군수지원분석계획서(LSAP) 최신화 검토

10. 23 K9 창정비 개조장비 부수품목 검사
- 기본불출품목(BII 91종), 추가인가목록(AAL 6종), 부대설치장비목록(ETIL 2종)

10. 25~26 K9 창정비 개조장비 성능검사(삼성테크윈 성능시험장)
- 검사기관 : 군수사, 종합정비창, 군수교, 국과연
- K9 개조장비 1문
- 결과 : 합격

11. 30 K9 창정비 사업종결회의(삼성테크윈)
- 사업추진 유공자 표창
- 창정비 개발 사업의 계획 대비 실적 보고
- 효율적 사업 마무리를 위한 의견 개진 및 협조

4.2. 개발결과(종합)

4.2.1. 개발 범위/예산 : 총 예산 371.1억원

개발요소	DMWR	시험장비	특수공구	시설	교육훈련	목록화	시제개조	LSA	시험평가	사업관리
수량	158품목	33종	338종	5동	90명	2,960	1식	1식	1식	
금액(억원)	62.5	215.5	10.2	26.2	4.4	2.4	18.3	17.1	4.2	10.3

4.2.2. 창정비 요소 개발 결과 분석

가. 창정비작업요구서

1) 규정/지침 준수한 창정비작업요구서 개발

2) 기술자료 확보가 가능하고 창정비시 경제성이 보장되는 158품목 개발

3) 종합정비창 정비라인 기준으로 편집/분권(35종) 개발

4) 업체 개발자/정비창 정비요원 동시 참여 세부절차에 의한 창정비작업요구서 (DMWR) 평가

나. 시험장비

1) 업체 현장실사, 합동토의를 통한 시험장비 범용 활용/확대

구 분	최초계약	수 정			개 발	비 고
		삭 제	통합	추 가		
종 수	38종	5종	1종	1종	33종	개 조 : 6종 겸 용 : 1종

2) 시험장비 제작 설명회/설계검토회의를 통한 군 요구사양을 충족한 최고 품질의 제품 개발

3) 시험장비 제작 공정 확인을 통한 사용자 편의성, 내구성 등 581건 반영

4) 시험장비 소음방지 적용기준 설정 (산업안전보건법 적용, 85db)

다. 특수공구

1) 창정비 수행에 필요한 특수공구 개발/획득

구 분	최초 계약	개발회의/현장실사(215종)			운용시험평가 결과			최종개발
		적 용	삭 제	추 가	적 용	삭 제	추 가	
종수	240종	194종	46종	21종	213종	2종	125종	338종

2) 창정비 효율성 제고 가능한 치구 식별/개발, 획득

3) 개발업체 벤치마킹을 통해 유동암 인양용치구 등 49종(5.1억원) 추가 확보

라. 시설

1) 기존시설을 최대한 활용하고 시스템별 정비라인 설치로 예산절감 기여

2) 정비효율성, 사용자 안전성 고려하여 시설과 시험장비를 연계하여 종합점검 및 보강 공사

가) 설계도면과 일치여부, 크레인 보수(2), 벽체공사(2), 흡음판(4)/냉각수저수조 설치 등

기존	보급창고 (836평)	엔진조립실 (100평)	사격기재공장 (463평)	엔진기능시험장 (70평)	일반정비단 (1,189평)
활용	K9 자주포 시험장(변속기 등 18종)	시동기 시험장비 등 7종	회로카드 시험장비 등 3종	엔진 시험장비 1종	K9 자주포 체계 조립장(동력장치 등 4종)
비고	개 조	통 합	통 합	통 합	개 조

마. 교육훈련(창정비/평가 요원)

1) 소요인력 전원교육

구분	계	차체	포탑	엔진	변속기	궤도	사격기재	연료/전기	도색/세척
인원(명)	90	20	21	12	13	10	5	5	4

2) 정비/운용시험평가자 선발(36명), 장비운용/정비기술 숙달

3) 평가/ 정비요원 개발업체 조립현장 방문 교육(5회/27명)

4) 운용시험평가시 적용 정비인시 및 정비인력 타당성 검증

5) 평가요원에 의한 시설, 시험장비, 특수공구 등 재산관리체계 정립

바. 목록화/포장제원

1) 목록화 28회 추진 2,960종 국가재고번호 획득

※ 창정비 수리부속에 대한 형상정보 획득

사. 군수지원분석(LSA)

1) 수차례 군수제원점검(LDC)회의를 통해 최상의 종합군수지원 요소를 식별/창정비 요소 개발에 필요한 자료 제공

2) 현보유 기술자료, 국산화 품목, 해외획득 기술자료 최신화 분석

3) 군수지원분석 자동제원 처리(LOADERS) SW 활용 개발

4.2.3. 발전시킨 사항

가. 적극적 정비혁신 추진으로 국방예산 9.6억원 절감에 기여
  1) 각종 시험장비 범용 활용 확대 : 8.6억원
    가) K1전차 창정비용 시험장비 개조 : 시동기 시험장비 어댑터 등6종
    나) K1A1전차와 창정비 겸용 개발 : 회로카드시험장비
  2) 시스템별 정비라인 설치로 미래 창정비 체계 구축에 기여 : 1억원
나. 시험장비/특수공구 개발관련 업무체계 정립
  1) 제작현장 방문 사용자 편의성, 품질향상, 군 요구사항 적절성 검토
다. 창정비 효율성/안정성 제고 가능한 정비체제 구축
  1) 산업안전보건법 적용 시험장비 소음 적용기준 설정(85db)
  2) 개발업체 벤치마킹으로 추가 치구 확보 : 49종 5.1억원
라. 창정비 요소 개발 사업의 표준모델로 활용 가능.

1. CSP 발전과정

1980년 : 해외 직구매장비 고장발생시 적시적인 정비지원을 위해 주장비 가격의 10% 예산편성 및 주장비와 동시에 획득

1995년 : 국내 연구개발장비 CSP 운용지침 하달(국방부)

- 표준CSP SW(OASIS 모델)에 의거 3년간의 CSP 산출

1997년 7월 : 육군 적용(OASIS 모델 : 미국의 SESAME을 한국화하여 개발)

1998년 : CSP 관리 세부시행절차 정립(육방침 12호)

- CSP 소요산출, 획득, 분배, 수요실적 구축, 평가 및 제대별 임무분장

1999년 : OASIS 1.5(Window 기반) 운용

2004년 7월 : 육방침 04-36호 시행,

- 2006년 9월 육규027 획득관리규정 86조 반영
- CSP 분배는 창 및 일반지원정비대대 까지 분배
  단, 장비가 소수일 경우 필요시 편성부대까지 분배

2006년 11월 : 국방부 CSP 개선지침 하달

- 방사청은 OASIS 운용, 소요군은 야전제원을 적용한 CSP 소요산정

2. CSP 소요산정

2.1. CSP 획득지침(국방부 지침, 2006. 11)

1) 단기 전력화 종료 사업

가) 현재의 품목구분에 의해 CSP를 획득

나) 비수요 필수품목은 전력투자사업비 편성시 CSP에 포함하지 않고 별도 細事業 '임무필수품목'으로 분리하여 획득

2) 다년차 사업

가) 최종 양산사업 이전까지는 비수요 필수품목은 CSP에서 제외

나) 최종 양산사업에 細事業 '임무필수품목'으로 CSP와 분리 편성하여 획득

3) 양산 사업 진행중

가) CSP에 포함되지 않은 수리부속 소요를 업체 선조치 후 사후 정산

나) 한도액 계약제도를 적용하여 군수지원을 보장할 수 있도록 획득

2.2. CSP 소요산정 절차 발전

1) 2005년 이전 : 교육사 CSP 소요산정, 군수사 운용제원 적용

2) 2005년 1월 1일 부 : 군수사 전담 CSP 소요산정

가) 초도장비 : OASIS SW+OT(운용시험평가) 결과+유사장비 운용제원

나) 후속장비 : OASIS SW+A/S 실적+기운용 CSP 제원

3) 2006년 11월 : 국방부 CSP 획득관리체계 개선지침

가) 방위사업청 : OASIS SW 운용, 결과 군수사 통보

나) 소요군(군수사) : OASIS SW 운용결과, 야전운용 경험 제원를 활용하여 CSP 소요산정

2.3. CSP 소요산정 프로그램

1) OASIS SW(CSP 소요산정 표준 SW) : 신규 무기체계 배치시 CSP의 최적 소요량을 산출하는 전산분석SW로서 "초도지원을 위한 예비품의 최적 할당량" 산정

* Optimal Allocation of Spares for Initial Support

2) OASIS SW 발전과정

가) 1995년 국정감사시 CSP의 소요산정에 대한 신뢰성 제기

나) 1997년 OASIS 1.0(DOS Version) 운용

다) 1999년 OASIS 1.5(Windoow Version) 운용 (2007년 현재 운용 SW)

라) 2008년 OASIS 2.0(Web 기반 운용) 운용 예정

2.4. CSP 산정 적용 품목구분

구 분		내 용	비 고
수요품목		해당연도에 최초 배치되는 무기체계 전체 대수를 대상으로 하여 CSP 운용기간을 기준으로 1회이상 소요가 예상되는 품목	
비수요 필수품목 (임무필수품목)		CSP운용기간을 기준으로 1회이상 소요가 예상되지 않으나 사용자 부주의, 정비실수 등으로 소요가 발생되는 경우 체계운용이나 안전에 심각한 영향을 미칠 것으로 예상되는 품목	해외 도입 품목
계획 수요 품목	주기성 품목	주기적으로 실시하는 계획정비활동시 소요되는 품목	
	시한성 품목	일정기간 사용후에 반드시 교환하도록 계획된 품목	

2.5. CSP 산정절차

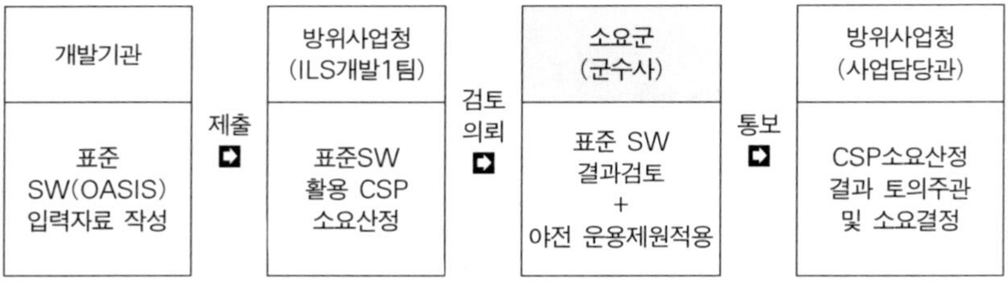

개발기관		방위사업청 (ILS개발1팀)		소요군 (군수사)		방위사업청 (사업담당관)
표준 SW(OASIS) 입력자료 작성	제출 ➡	표준SW 활용 CSP 소요산정	검토 의뢰 ➡	표준 SW 결과검토 + 야전 운용제원적용	통보 ➡	CSP소요산정 결과 토의주관 및 소요결정

1) 방위사업청

가) CSP 획득소요 확정/집행, 예산편성 지침 하달

나) CSP 입력자료 검토 및 OASIS 운용 후 CSP 산정

2) 육군본부(군수참모부)

가) CSP 규정 · 제도 발전 및 예산편성시 의견제시

3) 군수사령부

가) 방위청 CSP 소요산정 결과 검토, 유사장비 및 운용제원 적용한 소요산정 결과 통보

나) CSP 보급목록 및 CSP 사용실적 DB 구축 및 운용

3. CSP 운용해제

3.1. CSP 운용해제 규정(육규027 CSP 업무절차)

1) 운용기간별 구분
   가) 단년차사업 전력화장비 : CSP 보급월을 기준하여 3년차 되는 해당월
   나) 다년차사업 전력화장비 : 전력화 종결 장비의 CSP 보급 월을 기준하여 3년차 되는 해당월
2) 해제방법
   가) 군수사는 군지사에서 통보된 보유량과 군수사 보유량을 포함한 활용방안(운영용재고, 전투긴요재고, 창정비용, 타 군지사 전환용 등) 및 운용실적 분석・평가결과를 육본(군참부)에 보고하고 군참부 승인후 조치
   나) 군수사는 동시조달수리부속 납품월을 기준하여 4년 이상 장기 미활용품목 발생시 분석・평가를 실시하여 재판매 또는 물물교환이 필요하다고 판단되는 품목은 육본(군참부)에 보고하고 지침에 의거 조치

3.2 CSP 운용해제 세부절차

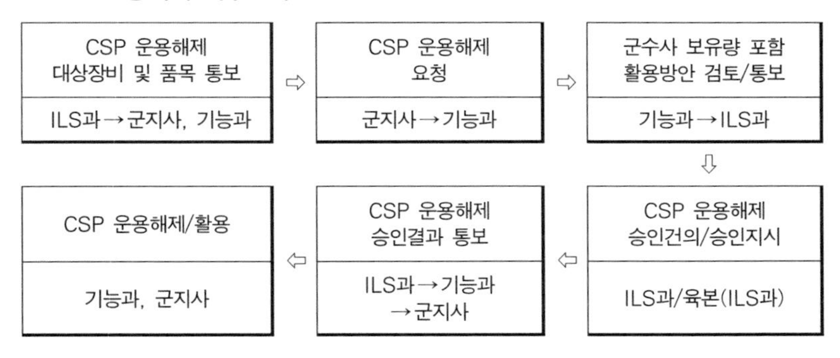

3.3. CSP 운용해제 실적(2007년)

1) 군지사 CSP 운용 종료 장비(2004년 이전 전력화) CSP 운용 해제/활용 : MLRS 등 55개 장비

구 분	계	특무	화력	통신	일반	화학	항공
품 목	4,338	1,937	1,817	245	67	131	141
수 량	158,438	8,471	145,630	1,031	894	645	1,767

2) 운용해제 규정 준수 미흡

가) 운용해제 시기 미도래(2004년 전력화, 전력화 진행 중) 장비 해제 요구

해제 요구	시기 도래	시기 미도래
55개 장비	38개 장비(MLRS 등)	17개 장비(K9, 천마 등)

⇒ 군지사 및 기능과 운용해제 대상품목 및 시기 판단할 수 있는 자료 구축 후 홈페이지 탑재

4. CSP 재판매제도

4.1. CSP 재판매제도(Buy back)란?

CSP 중 일정기간 미사용 품목을 현금 및 물물교환 형태로 납품업체에 판매하는 제도

4.2. CSP 재판매제도 변경사항

1) 2006.11.8 국내연구개발 양산사업은 후속물량 생산에 활용 할 수 있는 품목 중 업체와 협의하 물물교환방식으로 추진

2) 2007.6.28 국내연구개발 양산사업은 임무필수품목과 형상변경 품목을 제외한 품목 중에서 재판매 추진

3) 2007.9.12 미사용 CSP는 최대한 재판매가 가능하도록 업체와 협의하 계약반영, 소요군에 의한 형상변경품목 제외

4) 2007.10.23 방위사업청은 미사용 품목에 대한 재판매가 가능하도록 업체와 협의하 계약반영, 세부 재판매 대상범위 및 이행절차 등은 방위사업청이 정함

4.3. 육군 CSP 재판매제도 적용

1) 미사용 품목에 대한 재판매제도를 우선 적용하기보다는 재활용 후 활용이 불가한 품목만 차후 재판매제도 적용
2) CSP 운용후 다양한 활용방안(운영용, 창정비용, 전투긴요수리부속 등)을 적용하여 CSP 재활용 ⇒ 장비 전투준비태세제고
   ※ 재활용 없이 재판매시 차후 고가로 구매 우려
3) 신뢰성 시험을 통한 수리부속의 신뢰성이 검증되지 않아 발생하는 미사용 CSP는 업체에 필히 재판매
4) 재판매 대상 품목 선정, 수량 등은 소요군에서 결정

5. CSP 수요실적 집계 프로그램개발 적용사례

5.1. 개발 경과

1) 2006. 5 야전 CSP 운용실태 확인/토의를 2군지사 등 6개 부대가 참여한 가운데 실시
   ※ 야전 CSP 보급 및 운용실태, 전산 수요집계 체계 등 확인
2) 2006. 7 CSP 수요실적 및 운용체계 구축 토의
   ※ 토의주제 : 웹기반의 CSP 수요실적보고/집계프로그램 구축 방안 등
3) Web기반 CSP 수요실적 집계 프로그램 구축
   가) 2006. 11 CSP 수요실적 및 A/S 실적 입력체계 구축완료(1군지사)
   나) 2006. 12 CSP 수요실적 집계 프로그램 개발 완료(군수사)
   ※ 2007. 3. 2부 전 육군시행
4) CSP 보급목록 등 관련정보 군수사 홈페이지 탑재 및 공유체계구축
   가) CSP 보급목록 : 장비별, 연차별 구분/검색
   나) CSP 재고현황 : 기능별, 장비별, 재고번호별 구분/검색
5) CSP 수요실적 집계프로그램 미비점 확인 및 보완 : 2007. 8월
   가) 집계방식 개선 : 불출 및 불출예정 자료 집계 후 군수사 전송
   나) 집계 프로그램 개선 : 금액추가, 3·4계단 정비실적 입력 체계 구축

① 기운용 CSP 제원(2005. 1~2007. 2)군수사 통보로 D/B 구축

② A/S 실적 체계 누락요소 최소화

5.2. 개발 화면

1) CSP 사용실적 집계프로그램

CSP 소모실적관리

A/S정비실적 | 군지사↔사여단 | 사여단↔편 성 | DS대대↔편 성

부대부호(CC): 기능: 적용그룹: 적용장비: 기간: 2006 01 01 ~ 2007 03 28 검 색

순위	부대부호	장비소속부대	적용장비	문서식별부호	기능	재고번호	품명	사용량			사용일자	지원구분
								계	교환	수리		
1	86정비 861중대	26사단 정비대대	PF	5T3	1	2530375026092	암조립체.피벗트식.궤 ...	1	1	0	070226	CSP
2	85정비대대 851중대	6사단 정비대대	3M	5T3	6	3030375103142	벨트.V형	4	4	0	070226	CSP
3	86정비대대 861중대	96정비대대 961중대	14	5T3	6	6665375097089	시료 시험기	4	4	0	070226	CSP
4	85정비대대 851중대	6사단 정비대대	3M	5S3	6	6140375107400	전지.축전식	1	1	0	070226	CSP
5	85정비대대 851중대	6사단 정비대대	KV	5S3	3	252037A221704	제어장치 조립체.변속 ...	1	1	0	070223	CSP
6	86정비대대 862중대	20사단 정비대대	6Y	5T3	5	402037A202080	로프.섬유제(벨트 로?...	1	1	0	070223	CSP
7	85정비대대 852중대	105통신단 752대대	6Y	5S3	5	402037A202082	로프.섬유제(벨트로프 ...	1	1	0	070223	CSP
8	85정비대대 852중대	105통신단 752대대	6Y	5S3	5	402037A202086	로프.섬유제(벨트로프 ...	1	1	0	070223	CSP
9	85정비대대 852중대	105통신단 752대대	6Y	5S3	5	402037A202087	로프.섬유제(벨트로프 ...	1	1	0	070223	CSP
10	85정비대대 852중대	105통신단 752대대	6Y	5S3	5	402037A202098	로프.섬유제(벨트로프 ...	1	1	0	070223	CSP

엑셀자료만들기

1 2 3 4 5 6 7 8 9 10 ►►

copyright© 2006 by 2군지사 전산실. All rights reserved 문의 ☎ 842-6357 (8급 김영일)

2) CSP 보급목록

장비명: K-9 전력화년도: 2006년 검색

조회건수 : 139 건 [엑셀로 받기]

순위	재고번호	보급차수	품명	보급수량	군수사	1군지사	2군지사	3군지사	5군지사
1	1015011194006	8차	돔형등조립체	11	11	0	0	0	0
2	1025375062590	8차	"브래킷트 조립체, 탄고정용"	3	3	0	0	0	0
3	1290375059239	8차	"조종간, 자료입력용"	3	3	0	0	0	0
4	2510375058806	8차	조종수 계기/조종 패널	4	4	0	0	0	0
5	1025375060709	8차	뇌관용 상자	6	6	0	0	0	0
6	2520009722651	8차	"부품킷트, 압축공기 탱크용"	10	10	0	0	0	0
7	2520011182873	8차	"키트,여과기부품"	162	0	54	108	0	0
8	1260375054330	8차	"전시기,사격통제용"	4	4	0	0	0	0

3) CSP 재고현황

기능: 화력 AG: K9 AC: QF 재고번호: 검색

조회건수 : 305 건 [엑셀로 받기]

AG	AC	재고번호	품명	재고계	군수사(보급창) 1보급창	2보급창	3보급창	6보급창	1군지사	2군지사	3군지사	5군지사
K9	QF	1015375063709	실린더조립체,평형기용(실린더조립체,고	7	0	0	0	2	4	1	0	0
K9	QF	1025004434817	피스톤,총포 가스실린더용	25	0	0	0	8	16	0	1	0
K9	QF	1025375060995	장전기-장전도구,동력식(급속자동장전장	6	0	0	0	5	1	0	0	0
K9	QF	1025375061023	멈치,탄약용	70	1	0	0	29	38	0	2	0
K9	QF	1025375061600	트레이,장전판용,탄약용(장전기조립체)	3	0	0	0	3	0	0	0	0

4) CSP 사용실적

AG: AC: 지원구분: CSP(사용실적) 문서식별: 모 두 (ALL) 검색

전력화년월일: 20000101 ~ 20070906 까지 사용년월일: 20000101 ~ 20070906 까지 [자료 수정]

조회건수 : 2826 건 [엑셀로 받기]

순위	재고번호	부품번호	장비소속부대	품명	사용량 계	교환	수리	CSP사용 년월일
406	1015375063709		6군단 6포병 878포병대대	실린더조립체,평형기용(실린더	1	0	1	20070607
407	1025375060801		7군단 7포병 663포병대대	격발장치,포용	1	0	1	2007080E
408	1025375061863		6군단 6포병 838포병대대	팔로우 조립체 후방용	1	0	1	2007032C
409	1025375121224	Q25025240	1군단 1포병 30야포 651포병대대	추출기,탄약용	4	4	0	2007051C
410	1040999658029		3군 수기사 26기보 8전차대대	발사기,유탄용,연막용,역대책용	1	1	0	20070322
411	1090010168404	1090010168404	1군단 11사단(총괄)	손잡이 조립체,조종기용	1	0	1	2007022E
412	1220375075382	Q55601025	수방사 10방공단	계산기,사격통제용	1	0	1	2006081E

6. CSP사용실적 분석모델 정립

6.1. 기존 CSP 사용실적 분석의 문제점

1) 단순 보급대비 사용량 분석으로 CSP 신뢰성 저하

가) 사용 중이거나 3년 이상 경과 품목의 분석대상에 포함

나) 보급년도, 품목유형, 지형특성, 부대유형 등을 미 고려한분석

2) CSP 사용실적 집계체계 미흡으로 실제 운용제원 확보 곤란

6.2. CSP 사용실적 분석모델 정립

1) 분석시 고려사항

가) 보급연도, 품목유형, 지형특성, 부대 유형

나) CSP 운용기간(3년) 종료시점

다) CSP 보급목록 및 부품 특성반영

※ 분석결과를 CSP 소요산정시 반영하여 CSP 적중률 향상에 기여

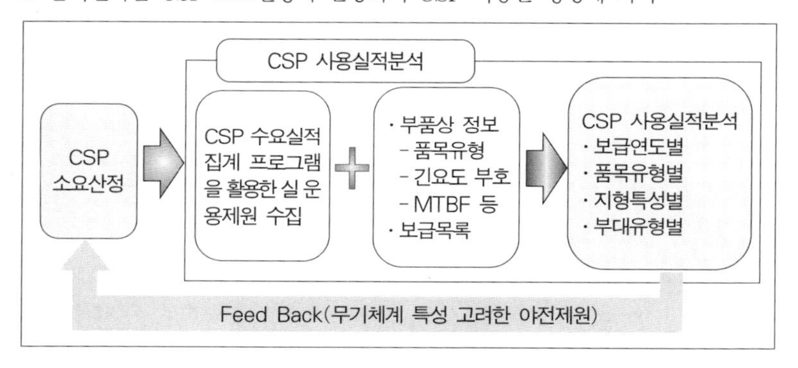

6.3. 분석모델 적용결과 사례(00자주포)

1) CSP 보급년도별 분석

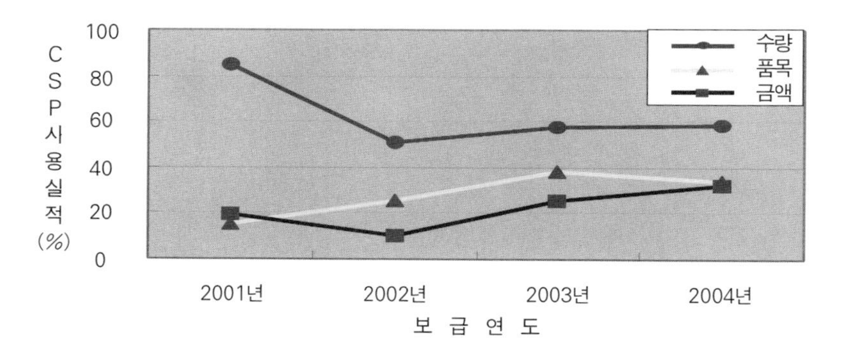

2) 품목유형별 분석

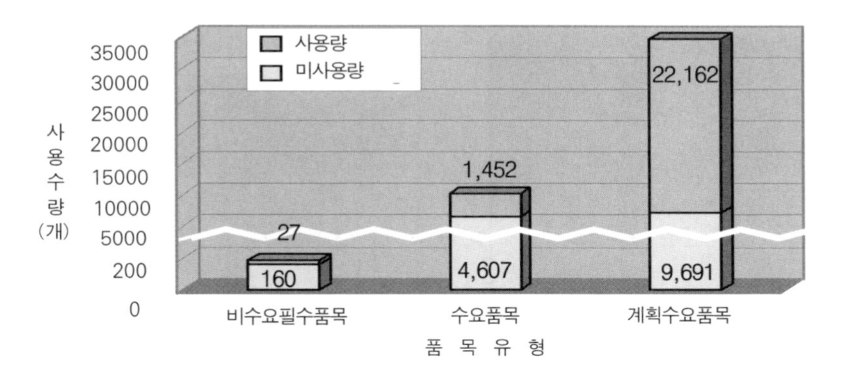

3) 지형특성별 분석

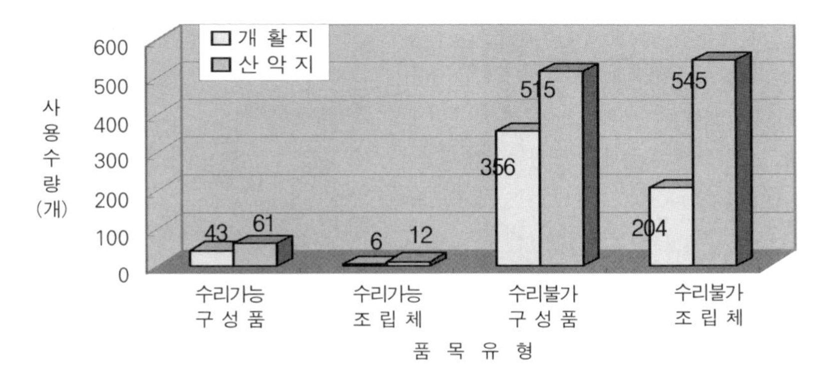

4) 부대유형별 분석

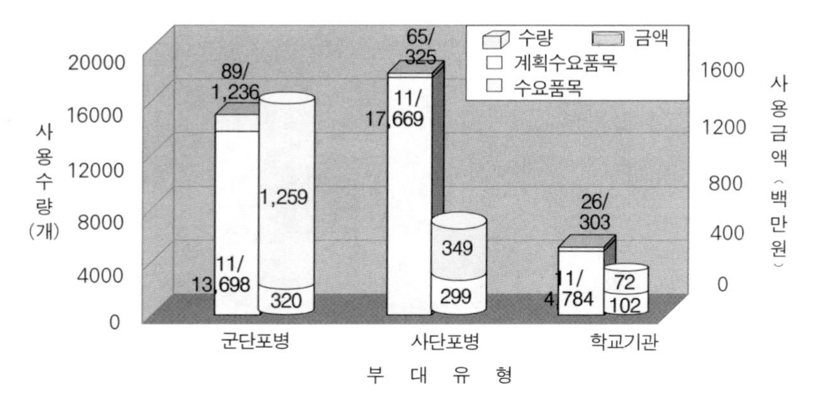

6.4. 기대효과

1) CSP 소요산정시 단순 사용결과 적용보다는 다양한 유형별 특성을 고려한 사용실적 분석 및 활용으로 적중률 향상에 기여
2) 특정품목 과다사용 원인분석 → 품질개선 소요제기
3) CSP로 적절한 품목의 판단근거 제공
   가) 단순체결류 등은 미선정(볼트, 와셔, 패킹 등)
   나) 주요 구성품은 필히 선정
      (전동기 조립체, 회로카드 조립체 등)
4) 운영용 수리부속 소요량 판단근거 자료 제공
5) 후속 CSP 소요산정의 정확성 제공

|약|어|

ALC : Alternate LSA Code - 대체부호

A/S : After Service - 사후관리

ASL : Authorized Stockage Lis - 인가저장목록

BII : Basic Issue Item - 기본불출품목

BOM : Bill of Material - 세부 부품목록

CA : Criticality Analysis - 치명도 분석

CDR : Critical Design Review - 상세설계검토

CLS : Contract Logistic Support - 계약자군수지원

CMT : Corrective Maintenance Time - 보수정비시간

COEA : Cost and Operational Effectiveness Analysis - 비용대 효과분석

COEI : Components of End Item - 완성품의 구성품

CSP : Concurrent Spare Parts - 동시조달수리부속

CWT : Customer Waiting Time - 고객대기시간

D/I : Due In - 수입예정

DM : Depot Maintenance - 창정비

D/O : Due Out - 불출예정

DMWR : Depot Maintenance Work Requirement - 정비작업요구서

D/S : Direct Support - 직접지원

DT : Development Test - 개발시험

DT&E : Developmental Test & Evaluation - 개발시험평가

EBO : Effect Based Operations - 효과기반작전

ETIL : Equipment of Troop Installation List - 부대설치목록

FD/SC : Failure Definition & Scoring Criteria - 고장정의 및 판단기준서

FGC : Functional Group Code - 기능그룹부호

FMEA : Failure Modes and Effects Analysis - 고장유형 및 영향분석

FMECA : Failure Modes and Effects and Criticality Analysis - 고장유형 및 영향, 치명도분석

FRMS : Formation Resources Management System - 편성자원관리체계

GBL : General Breakdown List - 총 부품목록

G/S : General Support - 일반지원

JSOP : Joint Strategy Objetive Plan - 합동군사전략목표기획서

IETM : Interactive Electronic Technical Manual - 전자식기술교범

ILS : Integrated Logistics Support - 종합군수지원

ILS-MT : Integrated Logistics Support-Management Team - 종합군수지원 실무조정회의

ILS-P : Integrated Logistics Support-Plan - 종합군수지원계획서

IOC : Initial Operational Capability - 최초운용능력

IPR : In-Process Review - 공정간검토

IPT : Integrated Product Team - 통합사업관리팀

LCC : Life Cycle Cost - 수명주기비용

LCN : Logistic Control Number - 군수관리 관리번호

LCN-FT LCN Family Tree - 군수지원분석 관리번호 계통도

LDC : Logistic Data Check - 군수제원점검

LOA : Letter Of Agreement - 체계개발동의서

LOADERS : Logistics Support Analysis Data Entry and Retrieval System - 군수지원분석(LSA) 입출력처리체계

LORA : Level of Repair Analysis - 수리수준분석

LSA : Logistics Support Analysis - 군수지원분석

LSAP : Logistics Support Analysis Plan - 군수지원분석계획서

LSAR : Logistics Support Analysis Record - 군수지원분석 기술서

MAC : Maintenance Allocation Chart - 정비할당표

MF : Maintenance Float - 정비대충장비

MKBF : Mean Kilometers Between Failure - 평균고장간거리

MR : Maintenance Rate - 정비율

MRBF : Mean Round Between Failures - 고장간 평균횟수

MTBF : Mean Time Between Failure - 평균고장간 시간

MTBM : Mean Time Between Maintenance - 정비간 평균시간

MTBMA : Mean Time Between Maintenance Actions - 정비활동간 평균시간

MTTR : Mean Time To Repair - 평균수리시간

NCW : Network Centric Warfare - 네트워크중심전

OASIS : Optimal Allocation of Spares Initial Support - 동시조달 수리부속 산출 프로그램

OJT : On Job Training - 실무교육

OMS/MP : Operational Mode Summary/Mission Profile - 운용형태종합 및 임무 유형

OST : Order and Shipping Time - 발주 및 수송시간

OT : Operational Test - 운용시험

OT&E : Operational Test & Evaluation - 운용시험평가

PCB : Printed Circuit Board - 인쇄회로기판

PDR : Preliminary Design Review - 예비설계검토

PIP : Product Improvement Program - 성능개량

PL : Prescribed Load - 규정휴대량

PLL : Prescribed Load List - 규정휴대량 목록

PM : Project Management - 사업관리자

PROLT : Procurement Lead Time - 조달소요시간

QAR : Quality Assurance Requirement - 품질보증요구서

RAM : Reliability, Availability, Maintainability Durability - 신뢰도, 가용도, 정비도

RAM-D : Reliability, Availability, Maintainability Durability - 신뢰도, 가용도, 정비도 및 내구도

RCM : Reliability-Centered Maintenance - 신뢰도 중심정비

RCT : Repair Cycle Time - 수리순환주기

RDO : Rapid Decisive Operations - 신속결정 작전

RMA : Revolution in Military Affairs - 군사혁신

ROC : Required Operational Capability - 작전운용성능

RPA : Requirements Planning Apporaches - 소요기획접근법

RSI : Rationalization, Standardization, Interoperability - 합리화, 표준화, 상호운용성

SDC : Sample Date Collection - 표본자료수집

SDR : System Design Review - 시스템설계검토

SFR : System Functional Review - 체계기능검토회의

SL : Supply Level - 보급수준

SMR : Source, Maintenance and Recoverability Code - 근원정비복구성부호

SOLOMON : SOftware for LOgistic analysis MOdels Next generation - 군수지원분석 통합시스템

TAC : Task Adequacy Check - 임무 적합성 점검

TAMMS : The Army Maintenance Management System - 육군정비기록관리제도

TD : Technical Data - 기술자료

TDP : Technical Data Package - 기술자료묶음

TEMP : Test & Evaluation Master Plan - 시험평가기본계획서

TM : Technical Manual - 기술교범

TMFGC : Technical Manual Functional Group Code - 기술교범 기능그룹 부호

TRR : Test Readineee Review - 시험준비검토

WBS : Work Breakdown Structure - 체계분석 구조

찾아보기